基礎知識 × 特色品種，打造專屬綠植風格

絕美鹿角蕨圖鑑

野本榮一／監修

平野威／攝影、編輯　安珀／譯

INTRODUCTION

培育自然的造形之美。

在熱帶叢林中自然生長的鹿角蕨。
附生在樹木上面，展開葉片的姿態獨特又美麗。
除了原生種之外，還出現了許多園藝種，
作爲室內觀葉植物，開始建立起穩固的地位。

在四季分明的日本培育的話，
長成的植株與野生植株的外形有點不同。
經過多年，在適當的環境中培育，
漸漸長成理想的姿態，充滿樂趣。

鹿角蕨的種類非常豐富多樣，
葉片的形狀、大小和質感等各有不同。
想栽培的話，最重要的是要先了解該品種的特徵。
了解之後，才能培育出漂亮的植株。

CONTENTS

Basic knowledge of Staghorn ferns

CHAPTER

1

鹿角蕨的基本知識

鹿角蕨的栽培與一般草花植物有許多不同的地方，在實際培育之前，要先了解原生種的種類、自然生長的地點和植株的構造等，只要事先掌握基本的資訊，應該就可以減少失敗，順利地栽培鹿角蕨。

鹿角蕨是什麼樣的植物？

鹿角蕨的構造

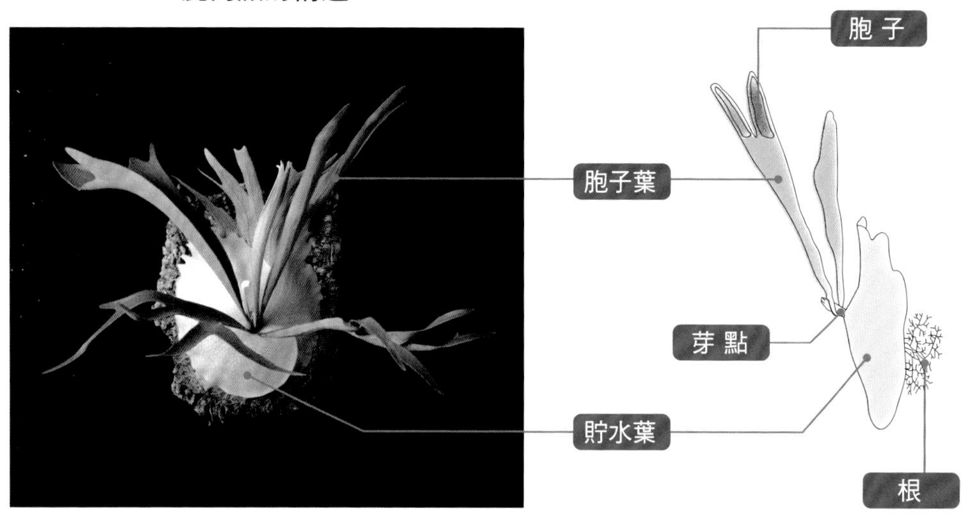

鹿角蕨是分布於世界各地熱帶地區的一種附生植物，雖然鹿角蕨又稱為蝙蝠蘭，但它不是蘭科植物，而是蕨類，它被分類為水龍骨目水龍骨科鹿角蕨屬（Platycerium）。鹿角蕨的日文名稱，用漢字寫成「麋角羊齒」。「麋」是中國自古流傳的幻想動物，據傳牠的身形就像一頭很大的鹿。

另一方面，鹿角蕨的英文稱為「Staghorn Fern」，將分岔之後伸長的葉子比喻成漂亮的鹿角。

鹿角蕨的葉子大略分成兩種，可以說是它的特徵，有像鹿角一樣伸長的「孢子葉」，以及為了盡量包住根部而擴展的「貯水葉」。根據品種的不同，有的孢子葉是向左右散開，有的則是細細地往下垂落，除了因為需要陽光，而像彈飛出去一樣伸展開來以便進行光合作用之外，成熟之後還會有孢子附著在葉子的背面。

此外，有多數的品種，葉子的表面會覆蓋著稱為「星狀毛」的白毛，星狀毛具有防止強烈的日曬和過量的水分蒸發等功能。孢子葉在數個月到兩年左右會變成黃色，不久之後就從葉子的基部脫落。

胞子葉

形狀像鹿角一樣的葉子伸展開來。根據品種的不同，有粗短型和細長型、朝上型和朝下型等，而且顏色和質感會因覆蓋在葉子表面的星狀毛數量而有所不同。

貯水葉

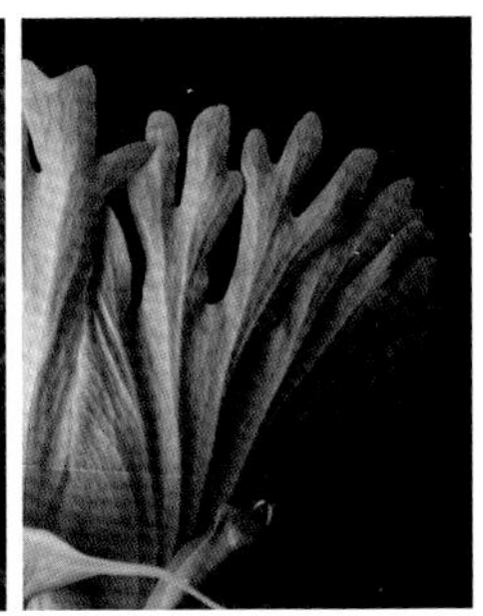

顧名思義，儲存水分的葉子就是貯水葉，在根部的周圍張開，支撐植株。除了有包住根部的圓形類型之外，還有頂部展開的冠形類型。

孢子囊

當植株成熟時，孢子葉會深裂成鹿角狀，葉子的背面有孢子囊群附著。根據品種的不同，葉子的形狀和孢子囊的附著方式各不相同。有的品種具有附著孢子專用的湯匙狀孢子葉。

星狀毛

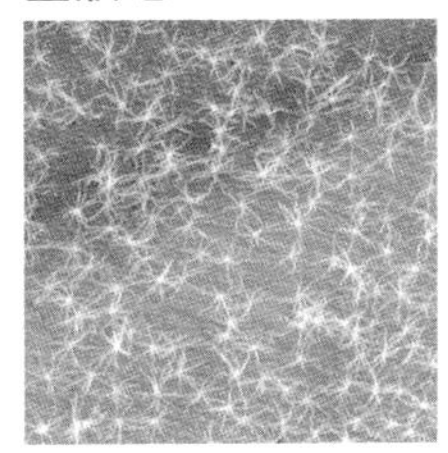

葉子表面上有以數根細毛向四方伸展的星狀毛，保護它免於受到強烈的陽光照射。

子株

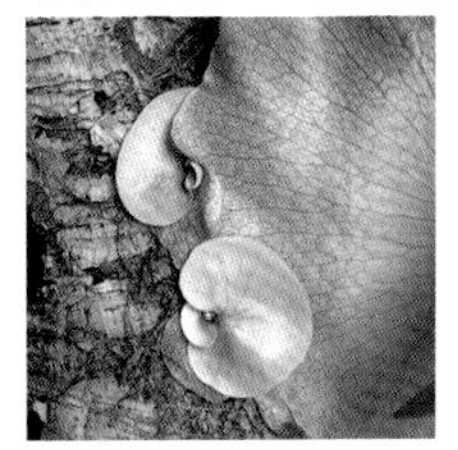

從母株的旁邊長出小小的子株，也有不靠子株繁殖的品種。

貯水葉是好像緊貼在植株基部生長的葉子，又稱為營養葉、外套葉或裸葉，有以圓形葉片覆蓋根部的類型和頂部的葉尖展開的冠狀類型等。貯水葉剛長出來的時候是綠色的，一旦結束生長時就會枯萎，變成褐色，枯萎之後的貯水葉具有保持水分的能力，並且具有保護根部免於乾燥的作用。此外，多數的種類，貯水葉的上部會展開成漏斗狀，除了可以將雨滴等的水分輸送到根部之外，還具有收集從上方掉落的昆蟲或鳥類的糞便、落葉等作用，這些有機物質不久之後會被細菌分解，轉化成植株的養分，可以說是因為沒有扎根在地裡，無法從土壤中吸收養分的鹿角蕨獨有的倖存戰略。

除此之外，作為植株中心部的芽點，對於鹿角蕨類來說是最重要的器官，被稱為「根莖（rhizome）」。所有的葉子都從這裡生長出來，根也是從芽點的內側伸展出來，如果這裡有損傷，會成為致命傷。觀察植株的狀態時，最好確認這個芽點是否結實牢固，而且，植株生長時，有的品種在母株的周圍會長出子株，可以讓子株群生成大型植株，也可以將子株分株之後繁殖。

Basic Knowledge 2

在熱帶地區自然生長的原生種

鹿角蕨的分布

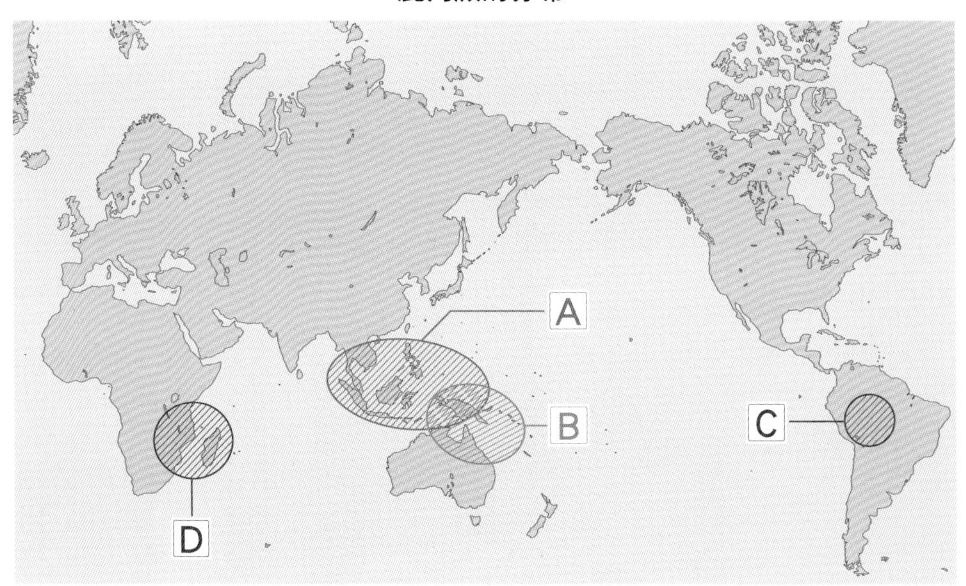

鹿角蕨的原產地廣泛分布在東南亞、大洋洲、非洲和南美洲的熱帶地區，在那裡自然生長的鹿角蕨原生種共有18種，如果將這18種原生種依照地區分類之後記起來，就很容易掌握鹿角蕨的整體面貌。

在本書中，是將原生種依照在世界地圖上劃分的4個區域分類，包括生長於泰國、越南、菲律賓和印尼等地的東南亞類群；原產於澳洲的大洋洲類群；原產於祕魯和玻利維亞的南美洲類群；分布在非洲大陸和馬達加斯加島的非洲類群。

原產於距離日本最近的東南亞的鹿角蕨，有馬來鹿角蕨、皇冠鹿角蕨、巨獸鹿角蕨、何其美鹿角蕨、蝴蝶鹿角蕨、女王鹿角蕨等品種。在鹿角蕨中，除了獨特的葉子形狀充滿魅力的馬來鹿角蕨之外，其他如細長的孢子葉充分伸展的皇冠鹿角蕨、以冠狀貯水葉為特徵的巨獸鹿角蕨和何其美鹿角蕨等，如果栽培的狀態良好會變成大型植株的品種很多。這個類群的鹿角蕨很耐熱，卻有不耐寒冷和悶熱的傾向，在盛夏時節要特別注意通風，冬季時則要放在溫暖的室內保管。

鹿角蕨的原生種有18種！

類群	中文名	學名
A 東南亞類群	馬來鹿角蕨	*Platycerium ridleyi*
	皇冠鹿角蕨	*Platycerium coronarium*
	巨獸鹿角蕨	*Platycerium grande*
	何其美鹿角蕨	*Platycerium holttumii*
	蝴蝶鹿角蕨	*Platycerium wallichii*
	女王鹿角蕨	*Platycerium wandae*
B 大洋洲類群	長葉鹿角蕨	*Platycerium willinckii*
	立葉鹿角蕨	*Platycerium veitchii*
	二歧鹿角蕨	*Platycerium bifurcatum*
	深綠鹿角蕨	*Platycerium hillii*
	巨大鹿角蕨	*Platycerium superbum*
C 南美洲類群	安地斯鹿角蕨	*Platycerium andinum*
D 非洲類群	圓盾鹿角蕨	*Platycerium alcicorne*
	愛麗絲鹿角蕨	*Platycerium ellisii*
	三角鹿角蕨	*Platycerium stemaria*
	馬達加斯加鹿角蕨	*Platycerium madagascariense*
	四叉鹿角蕨	*Platycerium quadridichotomum*
	象耳鹿角蕨	*Platycerium elephantotis*

與日本的氣候比較相近，而且囊括了容易培育品種的是澳洲原產的類群。除了二歧鹿角蕨之外，還包括立葉鹿角蕨、長葉鹿角蕨、深綠鹿角蕨和巨大鹿角蕨，這個類群的鹿角蕨耐低溫和乾燥，而且健壯的品種很多。像二歧鹿角蕨之類的品種可以在戶外過冬，但是如果想培育得漂亮，溫度最好保持10℃以上比較妥當。此外，雖然長葉鹿角蕨被認為是大洋洲系統（先前被認為是二歧鹿角蕨的亞種），卻因為分布於印尼的爪哇島等地，所以耐寒性較低。

原產於南美洲的鹿角蕨，只有安地斯鹿角蕨這一種，因為它是自然生長在海拔很高的地區，所以不耐炎熱和悶熱，在當地，孢子葉可以長到2公尺以上，但是在人工栽培下，不會長到這麼大。

在非洲自然生長的類群有馬達加斯加鹿角蕨、四叉鹿角蕨、圓盾鹿角蕨、象耳鹿角蕨、愛麗絲鹿角蕨和三角鹿角蕨這6種。這些鹿角蕨自然生長於非洲中部和馬達加斯加島，多數的品種比較小型，而且個性獨特，頗受歡迎，但因有生長期和休眠期，最好隨著不同的季節改變栽培方法。

Basic Knowledge 3

適合日本氣候的栽培法

在峇里島和澳洲栽培的鹿角蕨。如果氣候適宜，就會生長成大型植株。

要在日本栽培原本生長在熱帶地區的鹿角蕨，需要一定的技術，大致上可區分成「光照」、「水分」、「溫度」、「通風」4個條件，控制這4個條件很重要。

多數鹿角蕨的原生地都有明確的乾季和雨季，雨水少且乾燥、氣溫高的乾季和雨水多且濕度高的雨季以數個月為單位輪替。一般認為，鹿角蕨為了在如此嚴苛的環境中生長，所以漸漸進化成獨特的株體構造，主要的做法是在雨季期間伸長孢子葉，為了留下後代而生長，而且還會擴展貯水葉，將水分和養分充分儲存在株體內，以備乾季時使用。

日本的氣候風土與熱帶地區不同，想要栽培鹿角蕨的話，如果考慮到從春季到夏、秋季是雨季，冬季是乾季，應該可以期待配合鹿角蕨生長周期的日本式生長方式吧。此外，近年來，夏季有越來越炎熱的傾向，根據不同的品種，可以將盛夏時期當做乾季讓植株休眠，而將春季到初夏、秋季到初冬當做雨季促進植株生長，以這種方式栽培鹿角蕨。當然，如果可以利用溫室栽培，保持一定的溫度和濕度，植株也可以全年生長。

雖然鹿角蕨也可以種植在花盆中，但是因為原本是附生在樹木上面生長的植物，所

在日照和通風良好的陽台上安裝圍欄來管理多棵鹿角蕨的植株。建議將植株放置在不會淋到雨的場所。

在冬季也能維持一定溫度的溫室栽培。雖然鹿角蕨喜歡日照，但是最好在夏季時遮蔽50%的光線，在非夏季時期遮蔽20%的光線。

栽培年曆

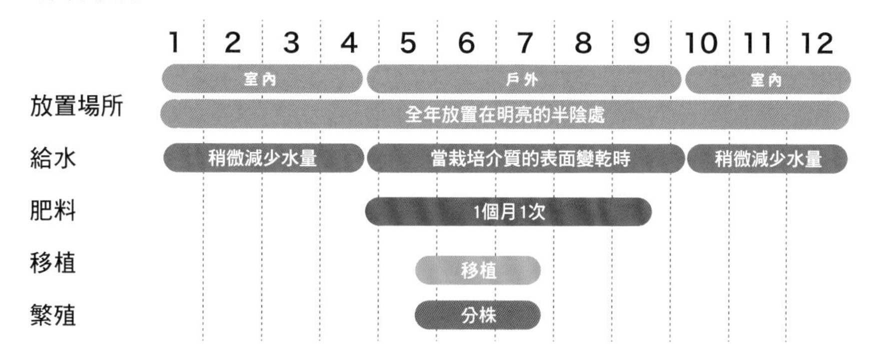

以建議大家在栽培鹿角蕨時，使用木板或軟木樹皮等附生材料種植，然後掛在圍欄等處上面，這麼一來，就能夠生長成自然又美麗的姿態。

基本上鹿角蕨喜歡日照，但是特別是夏季的直射陽光很容易造成葉子灼傷，因此要利用遮光網或蘆葦簾等物品營造半陰的環境。由於鹿角蕨是蕨類植物，一般都會認為即使放置在陰涼處也沒關係，但是把鹿角蕨放在日照良好的場所培育的話，姿態會生長得比較強壯又美麗，將氣溫保持在15℃，當氣溫低於這個標準時，最好將鹿角蕨移入室內管理。

特別是在室內或溫室中栽培時，由於會變得通風不良，所以必須特別留意。使用循環扇等送風，但不是直接吹送強風，最好是以擾動整體空氣的方式製造風力。此外，給水的基本原則是在根部變乾時給予充足的水分，在春季到秋季的生長期，是當栽培介質的表面乾燥時給水，冬季時期則是等栽培介質完全乾燥之後才給水，最好在稍微乾燥的情況下培育，如果要移植或分株，選在氣溫穩定的初夏進行較佳。

The original species of staghorn

CHAPTER

鹿角蕨 18種原生種

在世界各地的熱帶地區自然生長的鹿角蕨18種原生種。在這個章節中，只擷取在日本精心培育的植株來介紹，請試著了解各個品種獨特的特性，實際執行能將鹿角蕨培育得很漂亮的栽培方法吧。

【DATA】的購入難易度、栽培難易度
以從★☆☆☆☆（容易）到★★★★★（困難）共5個等級表示

鹿角蕨 18種原生種

WILLINCKII

01 ORIGINAL SPECIES WILLINCKII

長葉鹿角蕨

原產於印尼的爪哇島等處的鹿角蕨。可以見到它在不同的地區有多樣的型態，所以在收藏家的心目中可說是深受歡迎的種類，因有人認為它是二歧鹿角蕨的亞種，所以被歸類為大洋洲類群。

長葉鹿角蕨的形狀就像二歧鹿角蕨的貯水葉和孢子葉各自伸長，生長成大型的植株。它的生長速度比標準的二歧鹿角蕨來得緩慢，特徵是貯水葉在幼株時期長成圓形，但是隨著生長，頂端會分岔成長裂片，像扇子一樣伸展開來。孢子葉細長，有多個分岔，而且向下垂。葉子的表面有星狀毛密布，從不同的角度觀看，有時會呈現銀白色。生長狀態良好，而且表現出這些特徵的大型植株非常優雅，可以作為室內觀葉植物，觀賞價值很高。

原生地屬於赤道下方的熱帶氣候，有明顯的雨季和乾季。生長環境在雨季時，氣溫約30～35°C左右，由於有狂風驟雨，所以濕度增高；而在乾季時，降雨量極少，氣溫上升到40°C左右。長葉鹿角蕨的生長也配合氣候，在雨季時生長，在乾季時休眠。

因此，在日本栽培的時候，具有對於乾燥的忍受

【DATA】

學　名	*Platycerium willinckii*
原生地	爪哇島、小巽他群島
購入難易度	★★★☆☆
栽培難易度	★★☆☆☆

也有孢子葉的尖端稍微捲曲的植株。

力強，但是不耐冬季寒冷的特質。它是比較喜歡日照的類型，所以最好在上午的直射陽光或是遮光20～50%的中午陽光照射下培育。給水方面，在根部的水苔完全乾燥之後再給予充足的水分。此外，通風也很重要，如果放置在空氣適度流通的場所，就比較不用擔心爛根或病蟲害的問題，可以培育出健壯的植株。

深秋時，如果氣溫低於15°C，就要將植株拿進室內或溫室中，準備過冬。可以的話，放在空氣保持一定濕度的環境中比較理想。氣溫一旦低於10°C時，生長會變得緩慢，所以不要施肥，要控制給水量，在有點乾燥的環境中培育。如果濕度變低時，最好經常以噴霧器等向葉子噴水。

鹿角蕨 18種原生種

WILLINCKII

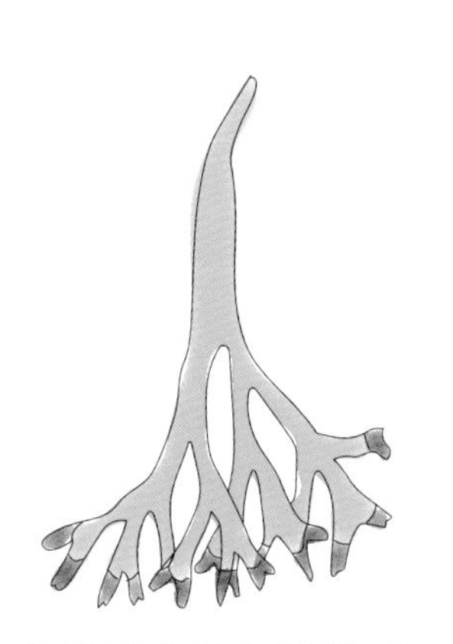

以有許多分岔的孢子葉為特徵。孢子囊附著在葉子背面的頂端。

以直立的方式向上生長的貯水葉。

葉子的表面有豐富的星狀毛，有時葉子的顏色看起來呈白色。

孢子附著在葉子的頂端。

從構成植株中心的芽點分別向上、向下長出葉子的長葉鹿角蕨。如果備妥日照條件和澆水等都很適宜的環境，就可以長成美麗均衡的姿態。

產自峇里島（左）和爪哇島（右）的長葉鹿角蕨。因產地不同，孢子葉的形狀各異。

VEITCHII

02 ORIGINAL SPECIES VEITCHII 立葉鹿角蕨

【DATA】

學名	*Platycerium veitchii*
原生地	澳洲、新喀里多尼亞
購入難易度	★★☆☆☆
栽培難易度	★★☆☆☆

在澳洲東部和新喀里多尼亞的樹木或岩石上野生的立葉鹿角蕨是原生種之一。立葉鹿角蕨的魅力在於它的白色孢子葉，這是因為葉子的表面覆蓋著密集星狀毛的緣故，而且這也成為其英文名稱「Silver Elkhorn Fern」的由來。星狀毛保護葉子免於強烈的日曬，同時具有防止水分蒸發的作用，變成使植株可以忍受乾燥的嚴苛氣候的構造。除了朝著太陽生長的細長孢子葉之外，擁有尖細裂片的貯水葉也令人印象深刻，群生的植株伸出許多尖細的葉子所形成的姿態非常值得一看。此外，它是一個比較小型的品種，因為葉子的顏色和形狀會隨著原產地而有所不同，所以也很有收藏的價值。

它對於日本的炎熱和寒冷也有很強的忍受力，可以說是比較容易栽培的種類，即使日照稍微強一點也沒關係。反過來說，如果放置在陰暗的場所，葉子的生長會變得緩慢，姿態很容易變形，請多加留意。如果溫度保持在15°C以上，即使在冬季也能生長，如果室溫最低降到10°C以下時，則要逐漸減少給水量。因為很容易長出子株，所以繁殖起來也很容易。

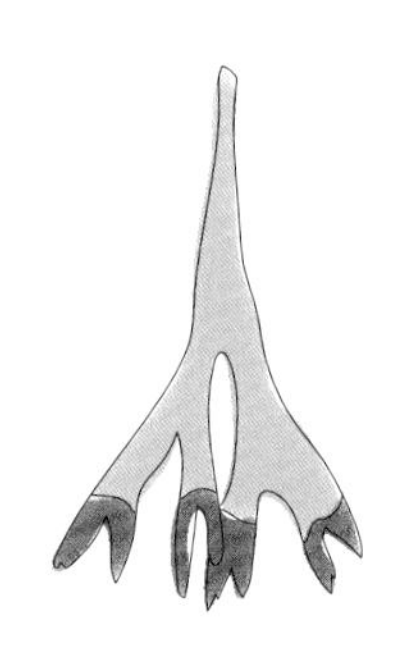

長得很細長的孢子葉。一旦成熟時，孢子葉的頂端會出現孢子囊群。

立葉鹿角蕨的貯水葉以頂部有尖細的裂片為特徵。

泛白的孢子葉朝向太陽長出尖細的葉子。因為很容易長出子株，所以繁殖也很簡單。

BIFURCATUM

附生在漂流木上的二歧鹿角蕨。從360度任
何角度都能欣賞的類型。

03 ORIGINAL SPECIES BIFURCATUM 二歧鹿角蕨

自古以來作為鹿角蕨的代表而廣受歡迎的二歧鹿角蕨，是最容易培育的品種。它也是最適合作為鹿角蕨的入門品種，連一般的園藝店也廣泛地販售。

二歧鹿角蕨的體質強健，繁殖力也很旺盛，所以在澳洲東部海岸的廣大地區自然生長，孢子葉大膽地分岔，具有向陽生長的特性，貯水葉的上端是淺裂的形狀。

它對於栽培環境的適應力也很強，很容易適應氣溫高低和日照強弱等的變化，特別是它的耐寒性強，這點非常重要，即使最低氣溫在10°C左右，只要在日照良好的環境中也能繼續生長，冬季時如果是在不會降霜的地區可以全年都採戶外栽培。在日照方面，它喜歡半日照到稍強一點的陽光，但是最好避開夏季直射的陽光。它會長出很多子株，很容易繁殖，這點令人心喜，因為原本就具備健壯的特質，所以在任何環境中都能順利生長，但是如果想要培育出更漂亮的姿態，最好能給予良好的日照和通風、適當的給水等，備妥完善的環境來管理。

【DATA】

學名	*Platycerium bifurcatum*
原生地	澳洲東部
購入難易度	★☆☆☆☆
栽培難易度	★☆☆☆☆

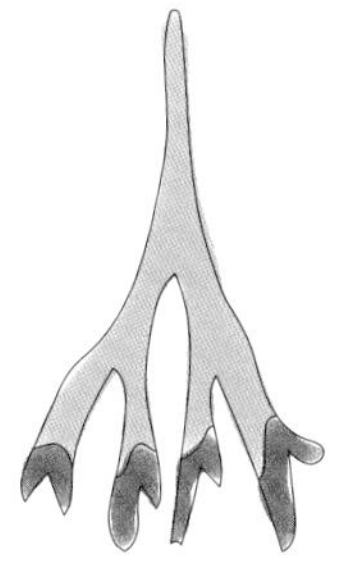

孢子葉有分岔，頂端有孢子附著。貯水葉呈圓形，生長時頂部會出現裂口。

鹿角蕨 18種原生種

HILLII

04 ORIGINAL SPECIES

HILLII

深綠鹿角蕨

【DATA】

學名	*Platycerium hillii*
原生地	澳洲北部
購入難易度	★★★☆☆
栽培難易度	★★☆☆☆

深綠鹿角蕨是原產於澳洲北部的鹿角蕨，分布地區狹窄，僅限於潮濕的熱帶低地。它是體質健壯，繁殖力強，會長出許多子株的原生種，與二歧鹿角蕨非常近似，並且也已經創造出這兩種原生種的雜交種。

深綠鹿角蕨的貯水葉不像二歧鹿角蕨的葉緣有裂口，特徵是呈現漂亮的圓形。孢子葉的色調深濃、肉厚，葉子的頂端部分寬大，整體不算太長，雖然朝著太陽向上生長，但是由於葉子的重量，會逐漸往下垂，因為附著在孢子葉表面的星狀毛很少，所以葉子很容易受到灼傷，必須注意強烈的陽光直射。夏季時最好進行50%左右的遮光，通風也很重要，如果有適度的風，葉子就不容易被曬傷。

此種類耐寒性強，相較之下是可以耐住冬季寒冷的種類，不過，因為它本來就是原產於熱帶的種類，所以即使在冬季，也最好能保持15°C以上的溫度。如果想讓它暴露在低溫中過冬，需要花費1～2個季節的時間，讓它慢慢適應寒冷。給水方面，根部乾了之後要給予充分的水分，但是要注意夏季的悶熱，如果想在低溫中過冬，就要減少給水的次數，最好在稍微乾燥的環境中培育。

鹿角蕨 18種原生種

HILLII

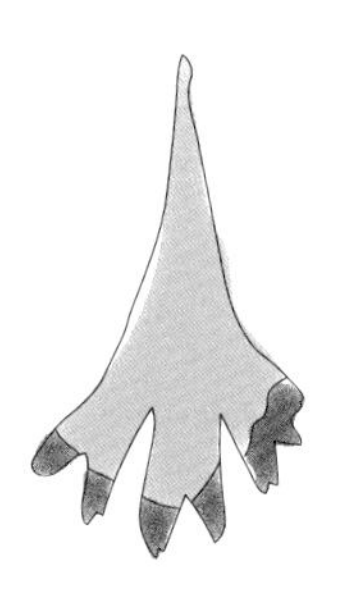

葉幅寬大的孢子葉向上生長。孢子附著在葉子背面的頂端。

孢子葉基部的葉脈是黑色的，非常顯眼。因為附著在葉子表面的星狀毛很少，所以要注意避免陽光直射。

貯水葉是平滑圓形的類型。因為完全覆蓋住根部，所以給水時需要使水分充分到達根部。

頂端分岔，往上伸展的孢子葉。在葉子繼續生長伸長之後，會開始垂下來。

05 ORIGINAL SPECIES SUPERBUM

巨大鹿角蕨

此種鹿角蕨對於日本的炎熱和寒冷有很強的忍受力，是容易培育的入門品種。巨大鹿角蕨以澳洲東北部為中心自然生長，是可以長成大型植株的種類，一般的園藝店經常會販售，但是也經常會與巨獸鹿角蕨混淆。如果沒有充分生長就長不出孢子葉，孢子葉是細長的，有很多分岔，往下垂，以單一孢子囊附著在葉子的基部為特徵。如果是巨獸鹿角蕨，不同之處在於孢子葉會分成2個很大的裂片，每個裂片則分別附著1個孢子囊（參照P.55）。

巨大鹿角蕨可以適應從弱光到強光各種不同的日照條件，但是夏季直射的陽光會造成葉子灼傷，所以要使用遮光網或蘆葦簾子以調整。此外，它也很耐寒，如果在乾燥的環境中培育，短期內放置在冬季的戶外也承受得住，但最好還是放在溫度保持在10°C以上的環境中培育較佳。如果貯水葉沒有更新，植株就會變得衰弱，必須特別留意。這種品種屬於不會長出子株的類型，所以繁殖時要培養孢子，種植或移植最好在春季到初夏這段期間進行。

【DATA】

學名	*Platycerium superbum*
原生地	澳洲
購入難易度	★★☆☆☆
栽培難易度	★★☆☆☆

生長出細長下垂的孢子葉。在葉子分岔的基部有1個孢子囊附著。

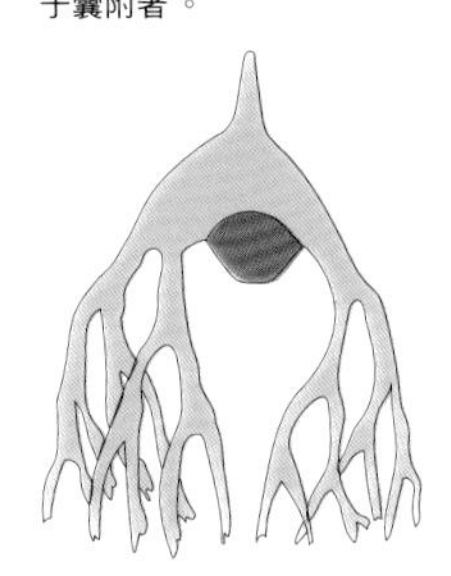

鹿角蕨 18種原生種

SUPERBUM

RIDLEYI

鹿角蕨 18種原生種

RIDLEYI

葉脈的凹凸紋路充滿魅力的貯水葉。一般認為，原生地的馬來鹿角蕨讓螞蟻棲息在根部，可以藉此吸收養分。

06 ORIGINAL SPECIES RIDLEYI
馬來鹿角蕨

【DATA】

學名	*Platycerium ridleyi*
原生地	婆羅洲、蘇門答臘、馬來半島
購入難易度	★★☆☆☆
栽培難易度	★★★★★

在東南亞的婆羅洲和蘇門答臘等地生長的野生馬來鹿角蕨，號稱是最受歡迎的鹿角蕨，它兼具像鹿角一樣直立的孢子葉，和葉脈突出的凹凸紋路很美麗的貯水葉，這些獨特的型態令愛好者心醉不已。此外，馬來鹿角蕨在原生地與螞蟻共生的現象，也可視為一種神祕的生態，饒富趣味。

通常鹿角蕨的貯水葉具有從頂部承接水分的能力，但是馬來鹿角蕨的貯水葉是包覆在樹皮上面，使多餘水分無法進入其中的構造，保護根部免於乾燥的作用似乎勝過儲存水分的功能，正因如此，為了將雨水的水分輸送至根部，可以看到孢子葉的莖部變成了溝狀。因為根部收納在貯水葉裡面，所以不易吸收到養分，一般都認為馬來鹿角蕨讓螞蟻棲息在根部的周圍，藉此換取螞蟻的糞便和食物殘渣等的營養素，兩者建構了這樣的共生關係，此外，螞蟻也會負責消滅附著在馬來鹿角蕨上的害蟲。

原生地的馬來鹿角蕨，附生在樹木的高處，喜歡生長在日照充足、通風良好的場所，因此，栽培時必須確保有充足的陽光和通風，還有保持一定程度的濕

被稱為「湯匙」的專用孢子葉。這是為了讓孢子附著在上面而生長出來的葉子。

度也很重要，所以它被納入最難培育的種類之一。要等根部徹底乾燥之後才給水，施肥也要斟酌進行，此外，因為它的耐寒性很低，所以冬季最好放置在溫度保持在15℃以上、濕度高的室內或溫室內管理。

馬來鹿角蕨的孢子會在植株成熟時，附著在湯匙狀的專用孢子葉上面。此外，通常鹿角蕨在根的尖端所形成的不定芽會長成子株，但是馬來鹿角蕨不會長出這樣的子株，而是在母株枯萎時，由莖部產生分枝，長出側芽，成為新的植株。馬來鹿角蕨在各方面都具有異於其他種鹿角蕨的特質，這也可以說是它非常受歡迎的重要原因吧。

鹿角蕨 18種原生種

RIDLEYI

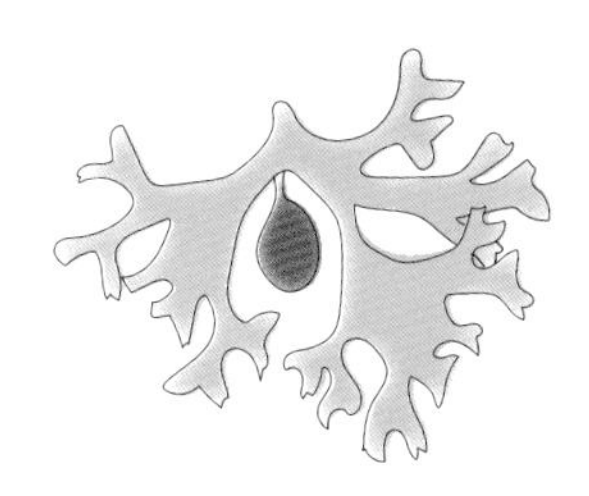

以像鹿角一樣的形狀向上生長的孢子葉。孢子附著在專用的湯匙狀孢子葉上。

貯水葉將附生材料包覆成球狀的馬來鹿角蕨。只要保持適當的光照、通風、水分、溫度、濕度，就可以創造出像這樣美麗的形狀。

從芽點長出的新芽。購買植株的時候，盡量挑選芽點有發芽徵兆的植株。

孢子葉的莖部變成溝狀。這個構造是為了有效率地將雨滴輸送到根部。

在植株的頂端擴展開來的孢子葉。附生在樹木高處的馬來鹿角蕨，還可以遮蔽太過強烈的陽光。

CORONARIUM

07 ORIGINAL SPECIES CORONARIUM

皇冠鹿角蕨

廣泛分布於泰國、菲律賓、印尼等東南亞熱帶地區的皇冠鹿角蕨是可以長成大型植株的原生種，貯水葉的頂端具有深裂，以伸向前方的方式生長，它的種小名源自於將貯水葉的形狀比喻成皇冠（拉丁文corona）。此外，下垂的孢子葉分岔成細枝，有的可以生長到1公尺以上的長度，附著在貯水葉和孢子葉表面上的星狀毛很少，質地光滑且帶有光澤。

皇冠鹿角蕨與馬來鹿角蕨一樣，孢子葉附有湯匙狀的專用葉，以大型品種來說，很罕見的是它可以長出大量子株，經常會在高度與芽點一樣的位置呈匍匐枝狀長出子株，因此，在原生地有時可以看到多棵植株在1根樹幹上圍了一整圈，呈環狀群生的景象。

因為植物內儲存了許多水分，所以一旦給水過量的話很容易發生爛根的現象，需特別注意，請記住要在根部完全乾燥之後才給水。此外，只要根部牢固地附生在栽培介質上，就比較容易栽培，而如果在有點乾燥的環境中培育，就可以耐得住冬季的低溫，不過，它的耐寒性還不到足以承受霜凍的程度，所以氣溫低於15°C時，移入室內或溫室中培育較佳。

【DATA】

學名	*Platycerium coronarium*
原生地	泰國、菲律賓、新加坡、越南、婆羅洲、爪哇群島
購入難易度	★★★☆☆
栽培難易度	★★★☆☆

分岔成許多分枝，生氣盎然地垂下來的孢子葉（實葉），充滿了魅力。

儲水用的葉子，這就是Coronarium這個名稱的由來。長成像皇冠一樣漂亮的形狀。

孢子不是附著在全部的葉子上，而是附著在湯匙狀的專用葉上面。

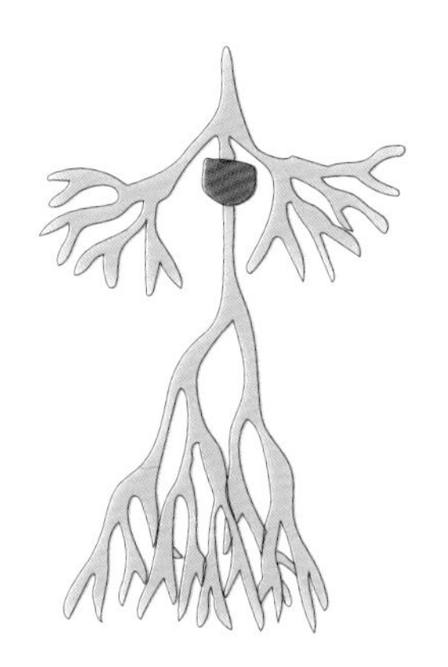

生長長度超過1公尺以上的孢子葉。當植株成熟時，會從芽點長出短短的湯匙狀孢子葉，上面附著了許多孢子。

日照方面，建議將它設置在半日照處，它喜歡像從葉隙間灑下的陽光般的光照條件。此外，為了防止根部腐爛，通風良好的環境也很重要，在室內或溫室中請利用循環扇保持良好的通風。在吹起強風時，長長的孢子葉很容易受到損傷，所以最好將它放在室內之類的地方管理。

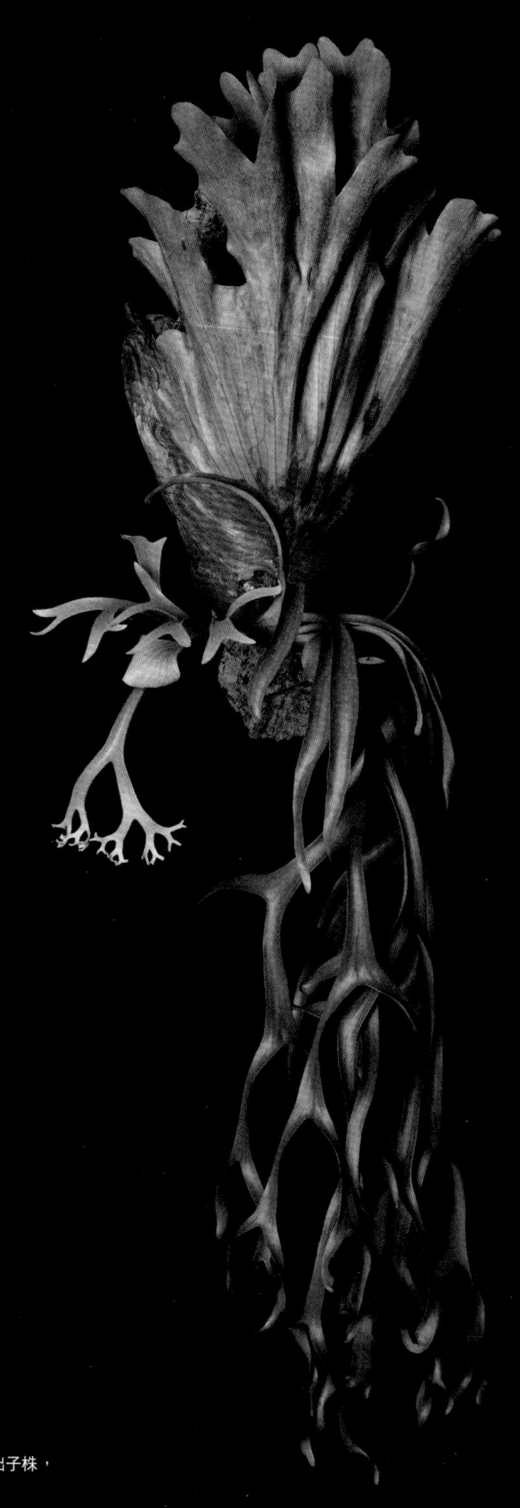

在高度與芽點一樣的位置長出子株，
群生在一起。

08 ORIGINAL SPECIES

WALLICHII

蝴蝶鹿角蕨

蝴蝶鹿角蕨原產於緬甸和馬來半島等中南半島地區，植株生長時，會展開寬大的孢子葉，它在原生種當中屬於比較小型的品種，在原生地群生的景象最為壯觀。向上大幅伸展的皇冠形貯水葉，頂端也有大裂口，形狀華麗，在上方大幅張口的貯水葉，具有收集雨水或落葉的功能，孢子葉的表面有星狀毛，可以收集水滴，或是保護葉子免於強烈的陽光照射。

蝴蝶鹿角蕨自然生長於季風氣候地區，所以很喜歡高溫多濕的環境，以日本的氣候來說，不耐寒冷。栽培株一到了冬季，葉子便會向內捲曲，採取休眠的姿態，原產於非洲的四叉鹿角蕨也具有同樣的特質，在春季氣溫漸漸上升之後，捲曲的葉子就會恢復原狀。

全年都要放置在明亮的半日照處栽培，在根部乾燥之後才給予大量的水分，最低氣溫約15°C左右時要放在室內管理，而當孢子葉開始捲曲時，最好要控制給水量，在稍微乾燥的環境中培育。

【DATA】

學名	*Platycerium wallichii*
原生地	緬甸、馬來半島、中南半島
購入難易度	★★☆☆☆
栽培難易度	★★★★☆

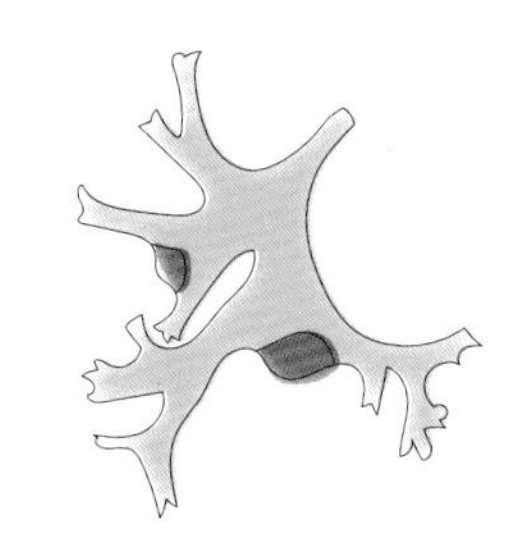

華麗的孢子葉橫向展開。每片葉子上附著2個孢子囊。

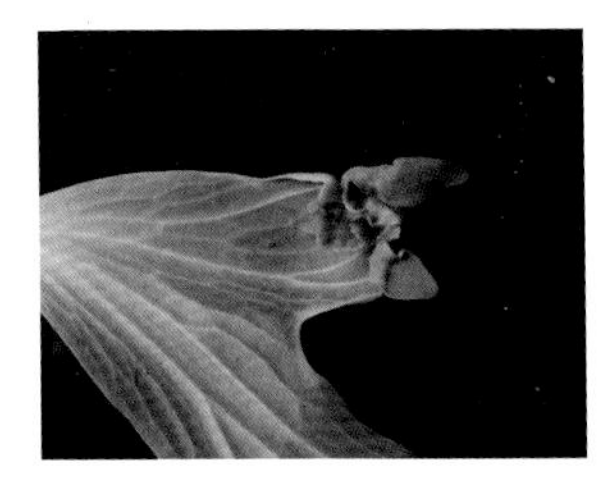

進入休眠期之前，葉子會向內側蜷縮。

鹿角蕨 18種原生種

WALLICHII

鹿角蕨 18種原生種

HOLTTUMII

09 ORIGINAL SPECIES
HOLTTUMII
何其美鹿角蕨

【DATA】

學名	*Platycerium holttumii*
原生地	馬來半島、泰國、柬埔寨、寮國、越南
購入難易度	★★★☆☆
栽培難易度	★★☆☆☆

原產於馬來半島、泰國和柬埔寨等海拔700公尺以下熱帶地區的鹿角蕨。

生氣蓬勃的冠狀貯水葉是魅力所在，隨著植株漸漸成熟，會展現出範圍寬廣的孢子葉。何其美鹿角蕨是會生長成大型植株的品種，與其他的原生種如女王鹿角蕨、巨獸鹿角蕨、巨大鹿角蕨等非常相似，很難只靠貯水葉來辨別，主要是藉由孢子附著在孢子葉上的位置來辨識，此外，芽點的周圍變成皺褶狀也是它的特徵。

在原生地，它生長於季風氣候，生長在日照充足、明亮的森林中，所以在人工栽培時也需要強烈的光照和高濕度。

全年都要放置在向陽～半日照的場所，在根部乾燥之後才給予大量的水分。有點不耐寒，所以氣溫低於15°C時，要將它移入室內或溫室中管理，在冬季氣溫低於10°C時，最好稍微減少給水量，讓植株進入休眠。因為幼芽很容易受到藥劑損害，可能會導致枯萎，所以最好避免使用強效的殺蟲劑。

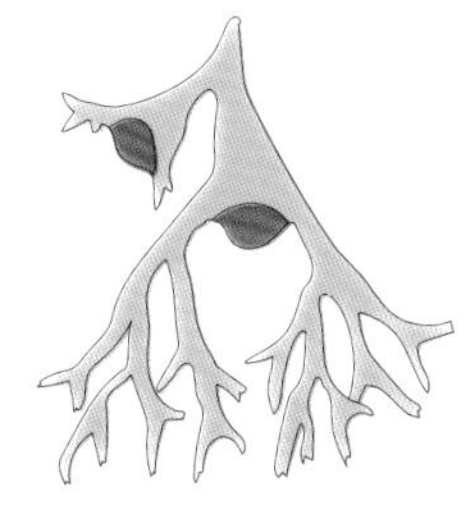

大小不同的孢子葉伸展開來。短小的葉子上也有孢子附著。

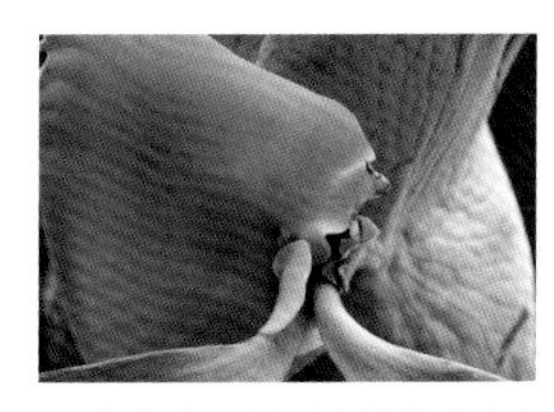

在芽點附近展開呈皺褶狀的貯水葉。

10 ORIGINAL SPECIES
WANDAE
女王鹿角蕨

【DATA】

學名	*Platycerium wandae*
原生地	新幾內亞島
購入難易度	★★★☆☆
栽培難易度	★★☆☆☆

在新幾內亞島上自然生長的女王鹿角蕨，是可以生長成大型植株的鹿角蕨原生種，在原生地長得很大的植株，光是貯水葉寬度就超過1公尺。

以在芽點的周圍形成喇叭狀的葉子為特徵，看起來好像是在保護會長出新芽的芽點。此外，孢子葉與何其美鹿角蕨非常相似，從1片孢子葉展開成2片形狀大小不同的葉子，分岔成2片的孢子葉，一片細長地伸長葉片，往下垂落，另一片比較短，向上生長，而後在2片葉子的背面各有孢子囊附著。

從春季到秋季的生長期，要在有遮光的向陽處且通風良好的場所栽培。請注意不要給水過量，如果根部持續處於潮濕的狀態，很容易會腐爛。女王鹿角蕨喜歡高溫，不耐寒冷，所以如果要使植株保持良好的狀態，即使在冬季也希望能將溫度保持在15°C以上來管理，如果停止給水，使植株處於休眠狀態，短時間內可以忍受低溫，但是在低於5°C的環境中容易產生損傷，如果貯水葉在生長期出現損傷，一般認為是根部衰弱的表徵。

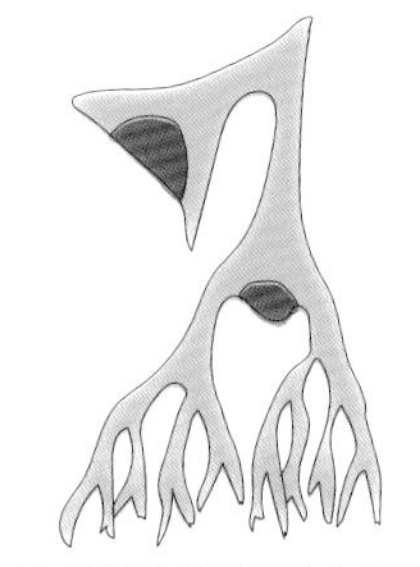

以1片葉子長出形狀大小不同的孢子葉為特徵。兩片葉子上各有孢子囊附著。

長成皺褶狀的貯水葉。一般認為它是用來保護芽點的。

WANDAE

鹿角蕨 18種原生種

GRANDE

11 ORIGINAL SPECIES
GRANDE
巨獸鹿角蕨

【DATA】

學名	*Platycerium grande*
原生地	菲律賓民答那峨島
購入難易度	★★★☆☆
栽培難易度	★★☆☆☆

分布在菲律賓民答那峨島的原生種。巨獸鹿角蕨是在海拔0～500公尺自然生長的大型品種，貯水葉向天空生長，宛如大幅展開的皇冠為其特徵，孢子葉很難長出來，但是在原生地，細長的葉子會以下垂的方式生長，雖然與巨大鹿角蕨和女王鹿角蕨非常相似，但是可以藉由孢子的附著方式來辨別。巨獸鹿角蕨的孢子葉分岔成2個大裂片，每個裂片的基部各有1個孢子囊（合計2個）附著。

在以前，巨獸鹿角蕨曾經被認為與巨大鹿角蕨是同一個品種，曾有原產於菲律賓的被歸類為巨獸鹿角蕨，而原產於澳洲的則被歸類為巨大鹿角蕨這種複雜的情況發生，因此，據說有時連園藝店也會將巨獸鹿角蕨和巨大鹿角蕨混在一起販售。

雖然兩者的外觀很相似，但是巨獸鹿角蕨比較不耐寒，所以過冬時必須特別留意，當最低溫度低於15°C時，要放置在室內或溫室中管理。全年給水過量的話根部容易腐爛，所以在根部完全乾燥之前不要給水，並在通風良好的場所栽培。

1個孢子葉上有2個孢子囊附著，這是巨獸鹿角蕨的特徵。

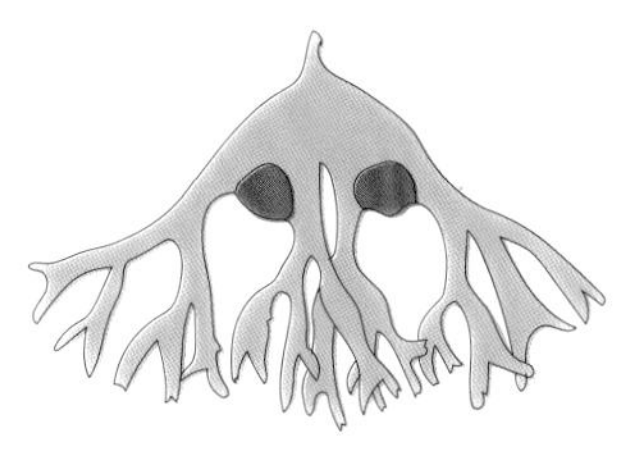

當它長成大型的植株時，就會展開華麗的孢子葉。孢子囊的附著方式也很有特色。

鹿角蕨 18種原生種

ALCICORNE

12 ORIGINAL SPECIES

ALCICORNE
圓盾鹿角蕨

此種類是在非洲大陸的東部和馬達加斯加島自然生長的鹿角蕨，特徵是貯水葉是圓形的，孢子葉細細的，有點深裂。在適當環境中生長的植株，孢子葉會向上伸長，給人纖細的印象。雖然星狀毛較少，但是表面光滑的貯水葉有助於保護在樹上的株體免於強烈的陽光照射。

此外，貯水葉、孢子葉的形狀因產地而異也很有趣。原產於非洲大陸的圓盾鹿角蕨，葉子是鮮綠色的，表面帶有光澤，貯水葉的頂部沒有裂口，以覆蓋的方式密集生長。另一方面，馬達加斯加島產的圓盾鹿角蕨，又稱為vassei，孢子葉的色調很深，貯水葉的頂部具有像馬來鹿角蕨一樣的深溝。非洲產的圓盾鹿角蕨比馬達加斯加島產的不耐乾燥，所以要特別留意，它的特徵是比馬達加斯加島產的更容易繁殖和群生。

圓盾鹿角蕨是對於陽光忍受力較強的類型，最好在光照充足的地方培育，它適合生長在清晨有直射的陽光、白天有遮光的場所，雖然它即使擺放在陰涼處也不會枯萎，但是孢子葉和貯水葉都會長得細長又緩

【DATA】

學名	*Platycerium alcicorne*
原生地	非洲東部、馬達加斯加島
購入難易度	★★☆☆☆
栽培難易度	★★☆☆☆

圓盾鹿角蕨的圓形貯水葉。馬達加斯加島產，以頂部有溝槽為特徵。

慢。在盛夏的高溫期，有時生長會變得遲緩，這個時候就需要調整給水的次數。此外，秋季要移入室內或溫室中，而即使在冬季，只要溫度保持在15°C以上也能繼續生長。如果繼續蓬勃地生長，照常澆水或施肥都不會有問題，但是如果最低氣溫低於10°C，它就會進入休眠狀態，所以最好不要施肥，也減少給水量，看顧著它即可。從秋季到冬季時，貯水葉會枯萎，變成深褐色。

鹿角蕨 18種原生種

ALCICORNE

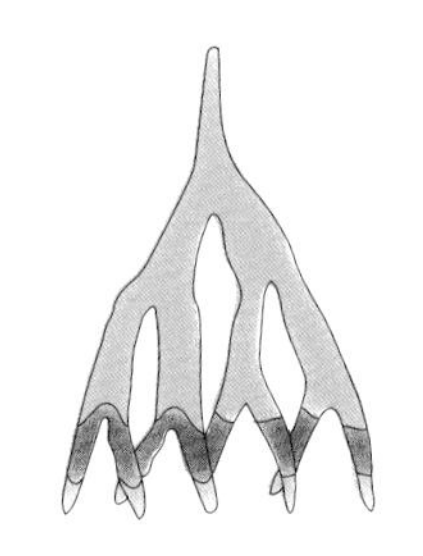

孢子葉比較細，有深裂，尖端附近有孢子囊附著。

以分岔成細枝的孢子葉為特徵。喜歡稍強一點的陽光。

孢子附著在孢子葉背面的尖端附近。

被稱為vassei，產自馬達加斯加島的圓盾鹿角蕨。貯水葉的溝槽等特徵很明顯的植株。

產自非洲大陸的圓盾鹿角蕨。
與馬達加斯加島產的圓盾鹿角蕨所營造出的氣氛大不相同。

非洲大陸的圓盾鹿角蕨，孢子葉稍微寬一點，表面的質感帶有光澤。

非洲圓盾鹿角蕨具有葉脈溝槽很少的圓形貯水葉。貯水葉以覆蓋的方式密集生長。

13 ORIGINAL SPECIES STEMARIA 三角鹿角蕨

分布在從熱帶非洲的中部到非洲西海岸的地區。這個品種很難購買到野生的植株，主要販售的是孢子培養株。

特徵在於貯水葉的長度很高，頂部伸長，尖端呈波浪狀展開，變成除了水分之外，還可以輕鬆收集落葉等的構造。此外，孢子葉的表面光滑，星狀毛很少，但是背面卻覆滿濃密的細毛。

雖然有一部分的原生地與象耳鹿角蕨重疊，但是三角鹿角蕨多半生長在潮濕的地方，所以最好在濕度稍高一點的條件下管理。如果頻繁地給水，就會長出鮮綠色的貯水葉和孢子葉，但是孢子不易形成。在春季到夏季的生長期中，給予遮光率50%左右的陽光，而且等栽培介質的表面完全乾燥之後才給水，株體會長得比較健壯。如果寬大的孢子葉直接吹到強風，很容易受到損傷，需特別留意。秋季時要移入室內或溫室，但是它可以耐得住的最低溫度到10°C左右；冬季栽培時不要施肥，並且要減少給水量。

【DATA】

學名	*Platycerium stemaria*
原生地	非洲西部～中部
購入難易度	★★★☆☆
栽培難易度	★★☆☆☆

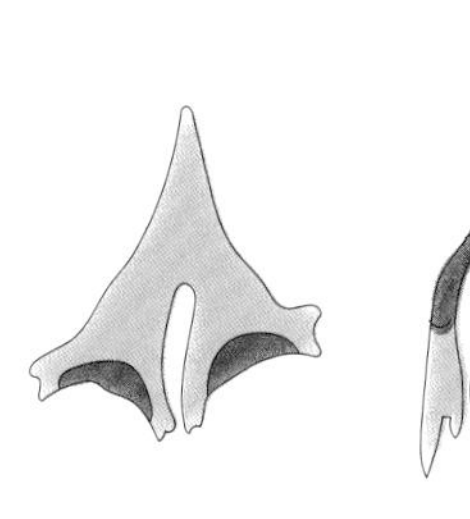

寬大的孢子葉在生長時會變得細長，孢子則附著在葉子分岔的部分。

有孢子附著的三角鹿角蕨的孢子葉。表面光滑，背面卻覆滿了細毛。

鹿角蕨 18種原生種

ELEPHANTOTIS

14 ORIGINAL SPECIES ELEPHANTOTIS

象耳鹿角蕨

象耳鹿耳蕨分布在中非的西海岸到東部這片廣闊的地區，在海拔200～1500公尺的高地上，從熱帶雨林到比較乾燥的森林中自然生長。由已經長大的植株，可以觀賞到縱向生長的貯水葉和尖端不分岔的寬大孢子葉。特別是寬大的孢子葉，形狀相同的葉子有2片，所以被比喻為大象的耳朵，而這也成為種小名的由來。貯水葉、孢子葉具有強健的葉脈，也是這個品種的魅力之一。

雖然象耳鹿角蕨已經成為一般常見的品種，但是要培育出漂亮的孢子葉卻意外地難，連在原產地非洲栽培時也需要一定程度的光量和溫度，為了讓植株的生長狀態良好，最低溫度必須在15°C以上，它喜歡陽光，但是夏季要遮光約50%左右。因為原生地有雨季和乾季，所以最好營造一個乾濕分明的環境，特別是在低溫的情況下，根部對於水分停滯很敏感，容易腐爛，必須多加留意。冬季時，如果無法維持室溫，最好停止給水。它在明亮溫暖的場所可以好好地生長，容易長出子株。

【DATA】

學名	*Platycerium elephantotis*
原生地	非洲東部～西部
購入難易度	★★☆☆☆
栽培難易度	★★★☆☆

寬大的孢子葉被比喻為大象的耳朵。葉子背面的尖端有孢子附著。

ELLISII

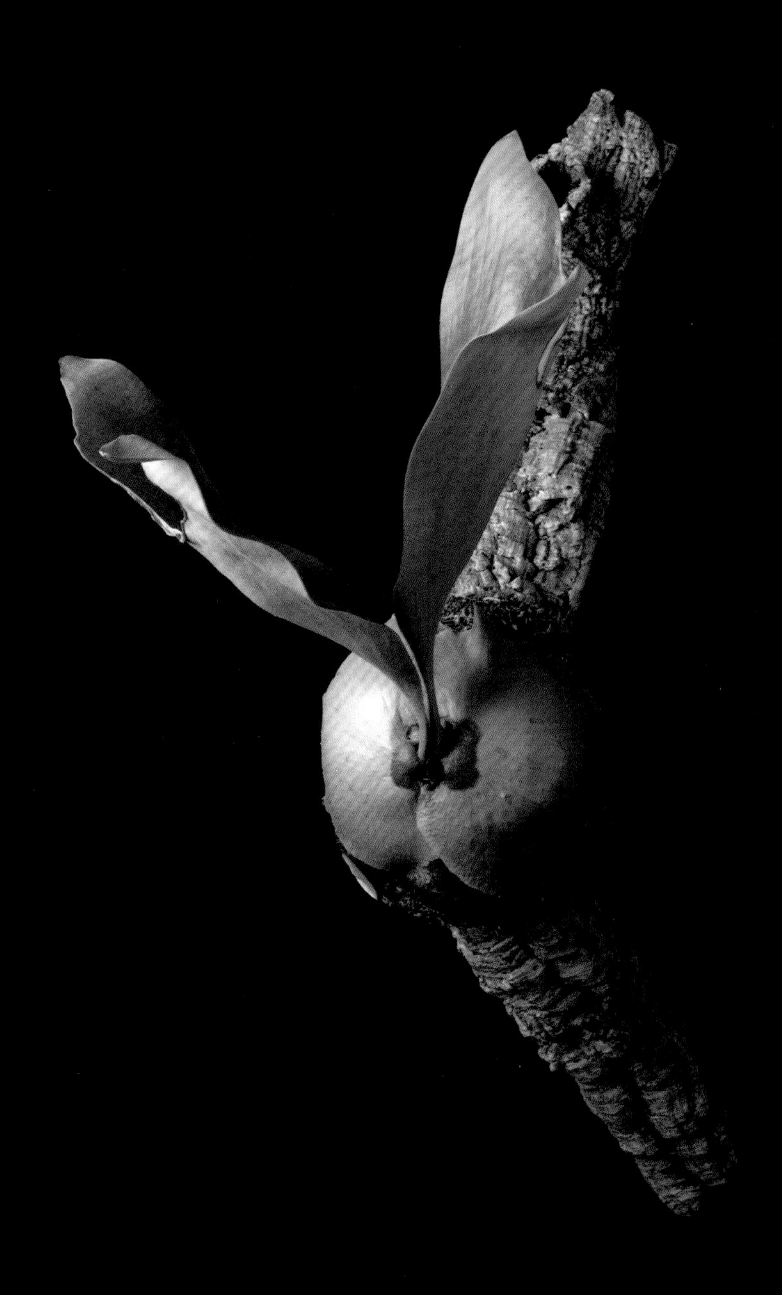

15 ORIGINAL SPECIES ELLISII 愛麗絲鹿角蕨

【DATA】

學名	*Platycerium ellisii*
原生地	馬達加斯加島東部
購入難易度	★★★★☆
栽培難易度	★★★☆☆

在日本很少有機會見到母株的愛麗絲鹿角蕨，是有著獨特袖珍姿態、充滿魅力的鹿角蕨。它生長在馬達加斯加島的東部海岸、靠近紅樹林的環境中，棲息在有從樹葉縫隙灑下的陽光，而且濕度很高的地區。

貯水葉呈圓形，頂部緊貼著根部，表面覆有蠟狀物質，呈現出光澤。孢子葉的特徵在於與其他的品種相較之下，分岔較少，形狀較寬，為了接收雨滴而向上展開，為了防止水分蒸發，孢子葉也覆有蠟狀物質，表面很光滑。

貯水葉主要是在春季到初夏這段期間展開，孢子葉是在夏季到秋季這段期間生長。因為愛麗絲鹿角蕨會密集地長出子株，所以母株不易發展成大型植株，在大自然中多半作為群生株自然生長。

在鹿角蕨當中，愛麗絲鹿角蕨可說是喜歡高溫多濕的種類。原產地馬達加斯加島東部沿岸附近，受到東南信風的影響，形成雨水多、夏季高溫、冬季稍冷的氣候，最好依據這樣的條件來栽培。

為了維持高濕度，利用塑膠布溫室之類的溫室栽

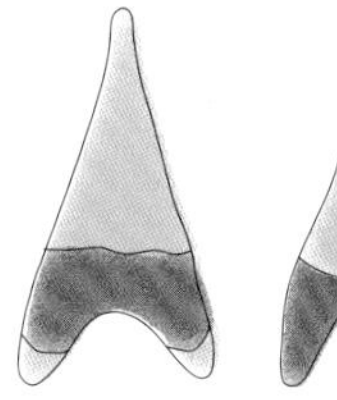
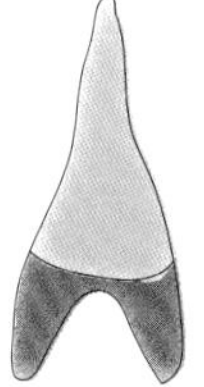

孢子囊出現在孢子葉的背面，附著在分岔的部分或是葉子的尖端。

像碗一樣將根部包覆成圓形的貯水葉。最好使用大量的水苔讓它附生在上面。

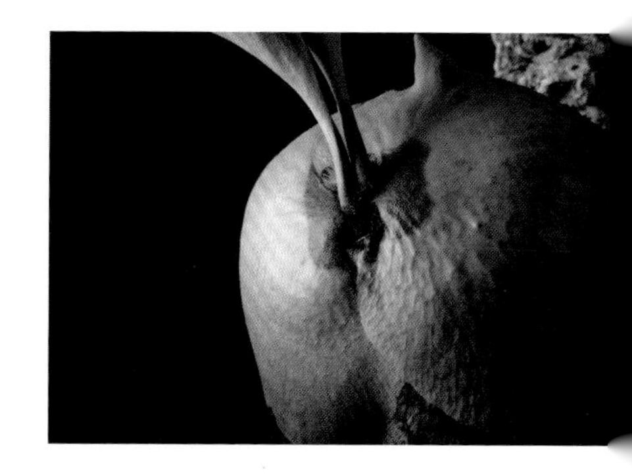

培，效果會很好，只要維持高濕度，就很容易達到良好的生長狀態。此外，貯水葉較薄，不易保留大量的水分，所以栽種時最好利用稍多一點水苔。在春季到夏季的生長期，水苔表面乾燥時要給予大量的水分，慎防植株缺水。它承受冬季寒冷的耐力不強，所以要在能保持最低10°C以上的環境中培育。

子株開始成長。貯水葉從新的芽點展開。

當貯水葉生長到一定程度時，孢子葉開始生長。

向上展開的孢子葉。寬大、有光澤的質感頗具魅力。

附生在枝狀軟木樹皮上的愛麗絲鹿角蕨。
長出很多子株，營造出一種自然的氛圍。

QUADRIDICHOTOMUM

16 ORIGINAL SPECIES

QUADRIDICHOTOMUM

四叉鹿角蕨

購入和栽培困難度都列為最高等級的鹿角蕨。這個小型的品種，即使放在與同為馬達加斯加島原產的品種一樣的環境中培育，也很難長成大型的植株，可以說是較適合鹿角蕨老手的品種。

它的分布地區在馬達加斯加島的西北部。在陽光從樹葉間隙灑下的森林中自然生長，而除了樹木之外，它也會附生在石灰岩上面。貯水葉向上生長，以頂端有淺裂為特徵，孢子葉呈波浪狀往下垂，分岔2次左右，種小名的命名源自於這個孢子葉分岔2次後形成4個裂片的特徵。

馬達加斯加島的西北部屬於季風氣候，是雨季和乾季分明的地區，處於這樣的氣候中，大多數的植物都天生具備在乾季的嚴苛環境中保護自己的手段，而四叉鹿角蕨也同樣擁有對抗乾燥的防衛手段。當它進入休眠狀態時，孢子葉的兩側會向內側捲曲，變成好像已經枯萎的形狀，一般認為，這是為了要減少葉子的表面積，防止水分的蒸散，而後，在轉變成雨季的環境時，葉子會一點一點地恢復原狀，重新開始生長，在蝴蝶鹿角蕨身上也可以看到類似的特徵。

【DATA】

學名	*Platycerium quadridichotomum*
原生地	馬達加斯加島西北部
購入難易度	★★★★★
栽培難易度	★★★★★

被分成4片的孢子葉是種小名的命名由來。

栽培時要過冬的話，最低氣溫低於15°C時就要把它移入室內或溫室內，溫度保持在10°C以上來培育。重點在於雖說是冬季的休眠期也不能完全斷水，而是要減少給水量，在有點乾燥的條件下管理。日照方面，要放在遮光20～50%的明亮場所栽培。在生長期中，如果水苔乾掉了，務必要給予大量的水分。

鹿角蕨18種原生種

QUADRIDICHOTOMUM

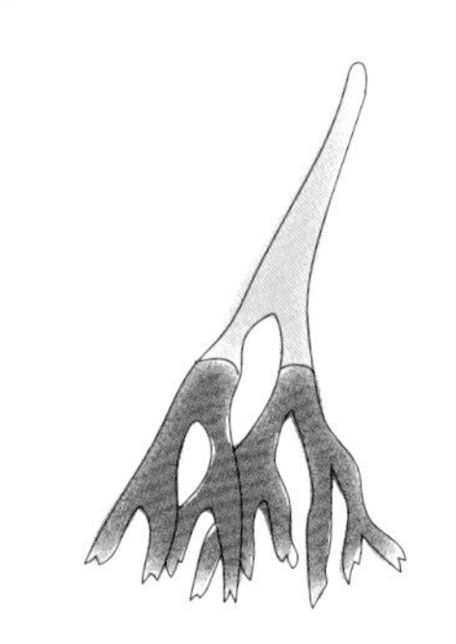

以分岔成4片的葉子為特徵。從葉子分岔的部分到尖端有孢子附著。

孢子葉的背面。孢子囊附著在分岔的部分。

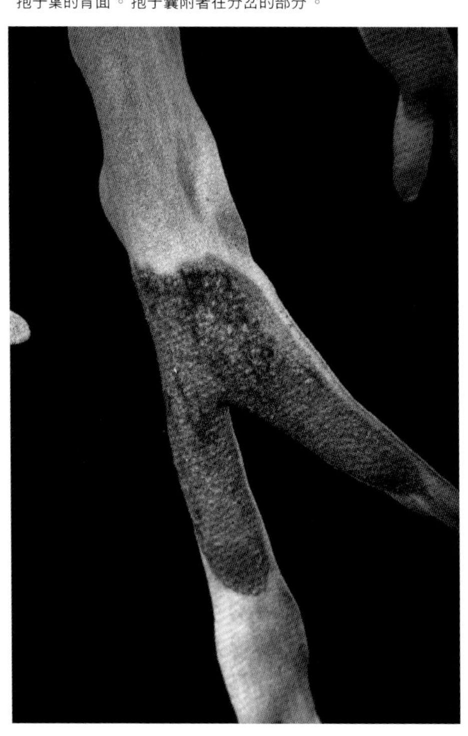

冬季到了休眠期，葉子會往內側捲起來。待天氣變暖時，重生為原來的狀態，開始進行光合作用。

已經進入休眠的冬季狀態。在春季活動期之前，要減少給水量，在有點乾燥的條件下培育。

MADAGASCARIENSE

17 ORIGINAL SPECIES MADAGASCARIENSE
馬達加斯加鹿角蕨

這是非洲產鹿角蕨的代表性品種，非常受到歡迎。雖然很難取得馬達加斯加鹿角蕨的野生株，但是最近越來越常見到子株栽培的植株或分生苗（mericlone）在市面上流通。

它的特徵最明顯的就是以包覆住根部的方式展開的圓形貯水葉，它的表面有細長的六角形凹凸紋路，具有保持水分，或是使用溝槽接收水分的作用，而根部也是沿著這些溝槽生長。剛展開的貯水葉是鮮亮的黃綠色，但是隨著慢慢成熟，會變成深綠色，最後枯萎的時候變成褐色，孢子葉則是長得又寬又短。

因為貯水葉呈半球形，完全覆蓋住根部，所以無法從頂部吸收養分，因此，一般認為，在大自然中馬達加斯加鹿角蕨經常與螞蟻共生，提供根部的周圍作為螞蟻的安全巢穴，換取螞蟻的糞便和食物殘渣等作為養分。

原生地是馬達加斯加島上海拔稍微高一點的山區森林，因此，具有不太喜歡高溫的特性，夏季時，要盡可能放置在涼爽且通風良好的場所培育，這點很重要。如果放在通風不良的溫室裡，夏季時很容易枯

【DATA】

學名	*Platycerium madagascariense*
原生地	馬達加斯加島
購入難易度	★★★★☆
栽培難易度	★★★★★

小小的孢子葉向上生長。

萎，所以必須使用循環扇改善通風，並且使用噴霧器在葉面上噴水，降低植株的溫度，且遮光程度最好先設定在60%左右。此外，因為容易吸引昆蟲接近，所以有時會遭受蛞蝓等蟲害。

此外，冬季時如果氣溫低於15°C，最好將它移入室內或溫室中，保持在20°C以上來培育。子株的話，最好是在春季到初夏這段期間，將已經生長得很健壯的孢子葉進行分株。

馬達加斯加鹿角蕨在原生種當中壽命似乎也偏短，因此，一般認為它是藉由長出許多子株，群生在一起來保護品種。

鹿角蕨 18種原生種

MADAGASCARIENSE

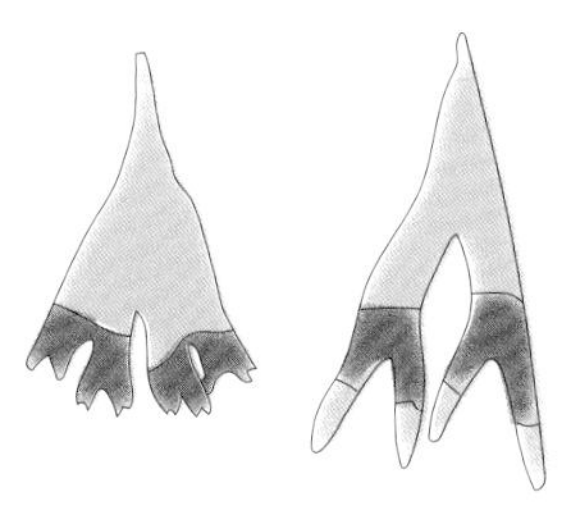

馬達加斯加鹿角蕨有闊葉型和細葉型。在葉子背面的分岔部分或葉子的尖端有孢子附著。

孢子葉的凹凸紋路充滿魅力。植株藉由提供螞蟻棲息在根部周圍來換取養分。

當貯水葉枯萎之後轉為褐色時會變硬，留下獨特的形狀。

附生在樹枝狀軟木樹皮上的馬達加斯加鹿角蕨。作為室內觀葉植物的存在價值也很高。

華麗的馬達加斯加鹿角蕨群生株。植株幾乎完全覆蓋了整個軟木樹皮。歷經多年狀態良好的栽培，最後長成如此美麗的植株。

以細長的葉子為特徵的馬達加斯加鹿角蕨。

孢子葉很短的闊葉型。

鹿角蕨 18種原生種

MADAGASCARIENSE

細葉型的群生株。

18 ORIGINAL SPECIES

ANDINUM
安地斯鹿角蕨

唯一生長在南美洲大陸上的鹿角蕨，就是這種安地斯鹿角蕨，它已經被證實，在原生地可以長成超過2公尺以上的大型植株，但是在日本栽培的話，無法長到那麼大，在連接祕魯和玻利維亞的安地斯山脈東側，海拔400公尺一帶的森林中自然生長，特徵是貯水葉有深裂，細長的孢子葉上面長了許多的星狀毛。此外，孢子囊群不是附著在葉子背面的尖端，而是裂口的分岔點周圍。

它是喜歡水分的類型，特別是夏季時，比起讓它保持乾燥，給它多一點水分會生長得更好。陽光的話，它喜歡透過樹葉縫隙照射下來的陽光，最適合在早上有直射的陽光、白天有遮光的場所培育。降低遮光率時，要注意保持通風良好，以免葉片受到灼傷。另一方面，它不耐冬季的低溫，所以氣溫要保持在15°C以上來栽培，可以的話，使用暖氣設備等來管理比較好。室內和溫室的通風不良，容易悶熱，所以最好使用循環扇等道具以擾動空氣的方式送風。

【DATA】

學名	*Platycerium andinum*
原生地	祕魯、玻利維亞
購入難易度	★★★★☆
栽培難易度	★★★☆☆

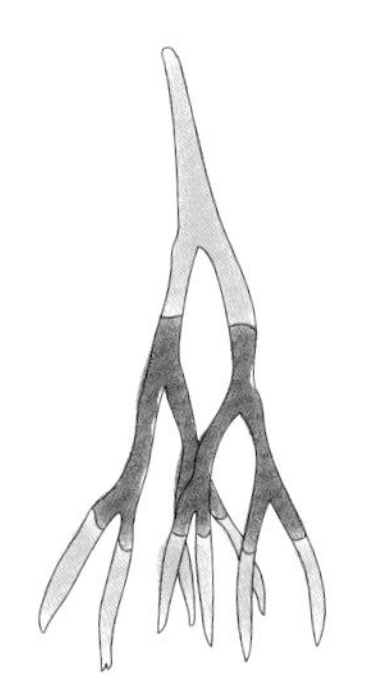

以細長下垂的孢子葉為特徵。在最先分岔的葉片背面有孢子囊附著。

ANDINUM

Cultivation basics and arrangement methods

CHAPTER

栽培的基本知識和培育方法

主要在熱帶地區的森林中，附生在樹木上生長的鹿角蕨家族，如果想栽培出狀態良好的鹿角蕨，需要一些技術，不過這不會太難，只要先學會上板等培育的方法和栽培的基本知識，就可以將各種不同的鹿角蕨依照自己的風格培育得很漂亮！

CULTIVATION & ARRANGEMENT

01

必備的素材和工具

培育鹿角蕨時，必須準備作為栽培介質施加在根部周圍的乾燥水苔，以及供植株附生的木板和軟木樹皮等。雖然有好幾種富有保水性的乾燥水苔，但是其中最常使用的是紐西蘭產的水苔，它的莖部很長，不易散開，所以很容易製作，除了這個優點之外，因為它沒有被施以藥物，所以也不會阻礙植株的生長。

紐西蘭產的水苔被廣泛運用作為種植的材料。

讓鹿角蕨附生的板材，要使用厚度約1公分的木板，尤其是碳化杉木板，即使澆水也不會彎曲或裂開，使用起來很方便。以前也會使用蛇木板，但是後來日本禁止進口原料，現在幾乎沒有人在使用了。除了木板之外，軟木樹皮也是被廣泛使用的附生材料，具有重量輕、不易腐爛、容易加工等優點，此外，將鹿角蕨安置在軟木樹皮上面的時候，會營造出更近似大自然的氛圍，所以推薦大家使用。除了平板狀的軟木樹皮之外，市面上也有販售空心的樹枝狀軟木樹皮。

除此之外，最好也事先備齊有機肥料或液體肥料以防止養分不足，還有園藝剪刀、鐵絲、鉗子和鋸子等培育時所需的工具。

顆粒狀有機肥料。用來作為種植時施用的基肥。

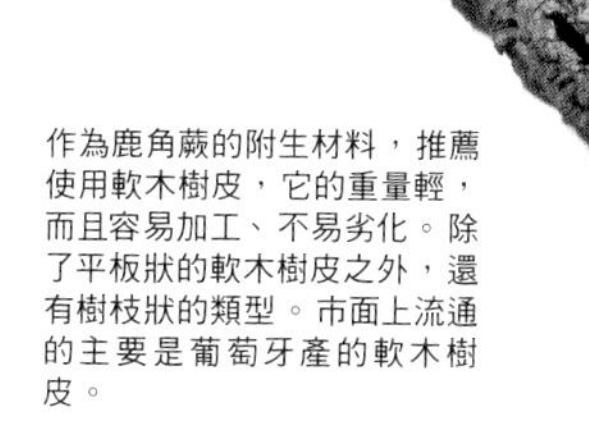

作為鹿角蕨的附生材料，推薦使用軟木樹皮，它的重量輕，而且容易加工、不易劣化。除了平板狀的軟木樹皮之外，還有樹枝狀的類型。市面上流通的主要是葡萄牙產的軟木樹皮。

使用厚度1公分左右的木板。寬約20公分，高約30公分的木板較方便使用。

因為禁止砍伐筆筒樹，以前常使用的蛇木板，已經不再使用。

讓鹿角蕨附生時所使用的工具，園藝剪刀、美工刀、鋸子、鉗子、抹刀、鐵絲、束線帶、透明車線等。

CULTIVATION & ARRANGEMENT

02

分株和上板

這裡要為大家介紹上板和分株（拆側芽）的方法。上板和分株可以說是要栽培鹿角蕨的話不可欠缺的必要作業，雖然園藝店等處經常販售種成盆栽的鹿角蕨，但是最好只把這當做幼苗的臨時栽培方式。當然，種在花盆裡也會生長，但是如果一直種在花盆裡，就很難指望它能長成原本美麗的姿態，為了充分發揮鹿角蕨這種附生植物的優點，將它種在板材上，清楚區分上下的關係，貯水葉和孢子葉就會展開成美麗的姿態。

在這裡將採用立葉鹿角蕨的園藝種「阿奇鹿角蕨」的子株為例，解說如何將它上板。因為要切下母株根部周圍長出來的子株，所以子株要在孢子葉變成充分展開的狀態之後才分切下來較佳，子株是由母株根部的尖端形成的不定芽長成的，子株還是幼苗時，絕大部分的養分是由母株那裡獲取的，這時移植的話易造成其負擔，如果在子株本身的根部生長到一定程度之後才分切，比較不容易失敗。

用美工刀切開阿奇鹿角蕨子株的周圍，範圍切大一點，然後安置在木板上。將體積比貯水葉大、已經弄濕的水苔配置在木板上，施用顆粒狀的有機肥料之後，安置子株，並且以束線帶固定。然後，用透明車線將子株的根部和水苔牢牢纏緊就完成了，已經切開的母株也要進行保養。雖然將子株放在明亮的場所保管，但是貯水葉多半都還無法完全發揮作用，所以不能忍受缺水，最好頻繁地給水。分株或移植，最好在生長期之初，亦即從春季到初夏這段時期進行。

立葉鹿角蕨的園藝種「阿奇鹿角蕨」，在植株的根部周圍長出了幾棵子株，切下其中1棵，使它成為獨立的植株。

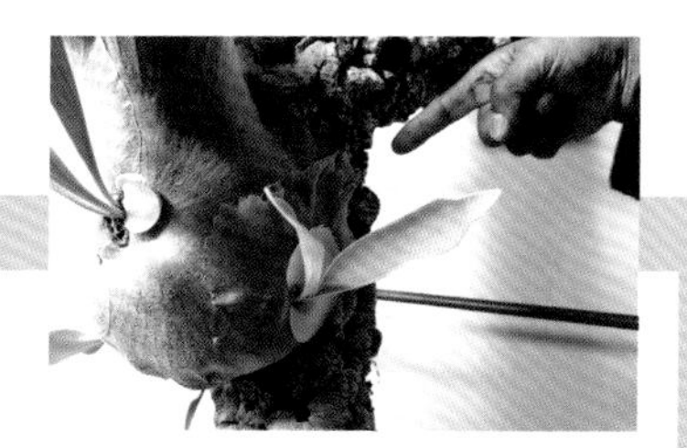

選定生長在母株右下方的子株。建議挑選孢子葉已經長出足夠長度的子株。

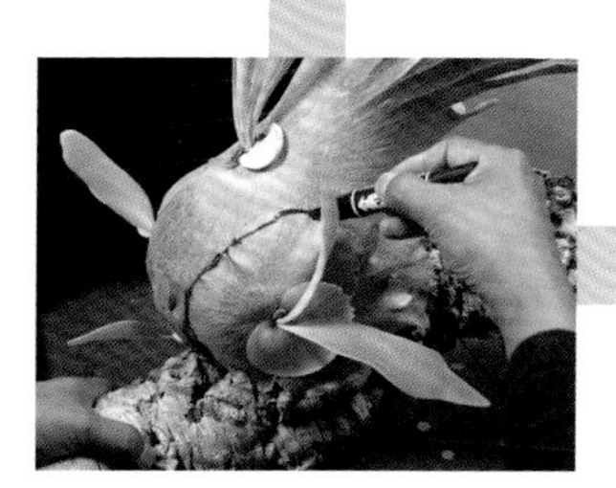

用麥克筆將要切開的範圍做記號。範圍切得稍微大一點比較好。

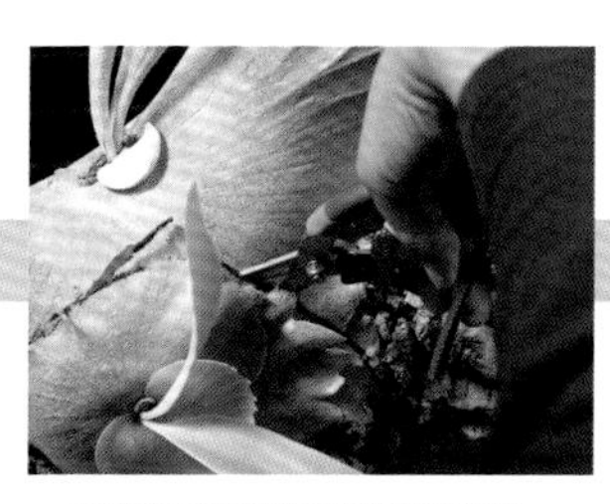

用園藝剪沿著麥克筆的線條剪開。

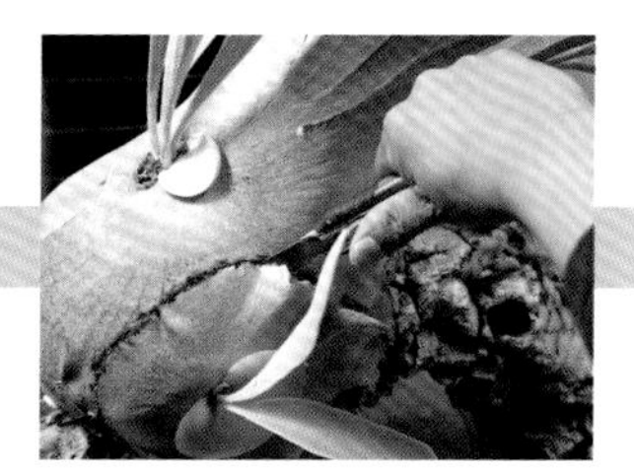

最後將美工刀的刀片推長一點插進去，切下子株。

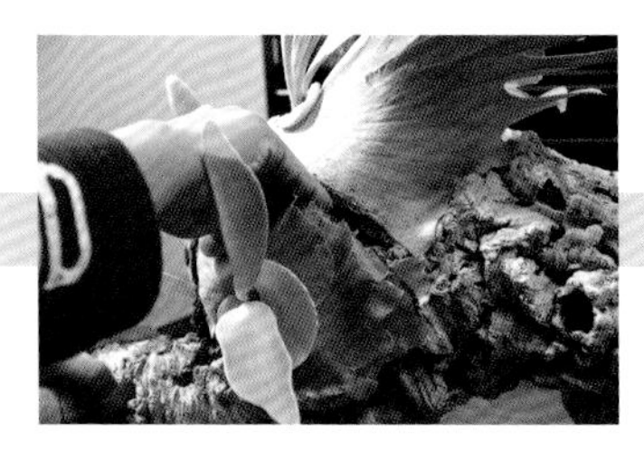

切下阿奇鹿角蕨的子株。重點是要在不傷及母株的程度內切下多一點根部。

切下子株之後，水苔部分的根部就會露出來。在這裡填入新的水苔，保養母株。

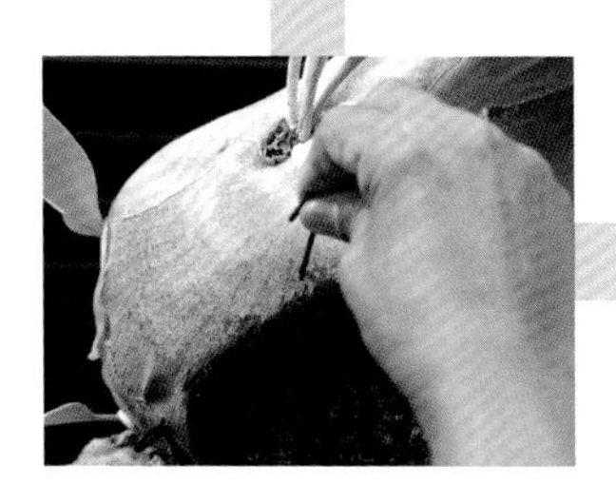

將園藝鐵絲彎成U字型，然後在已經切開的部分插入數根園藝鐵絲。

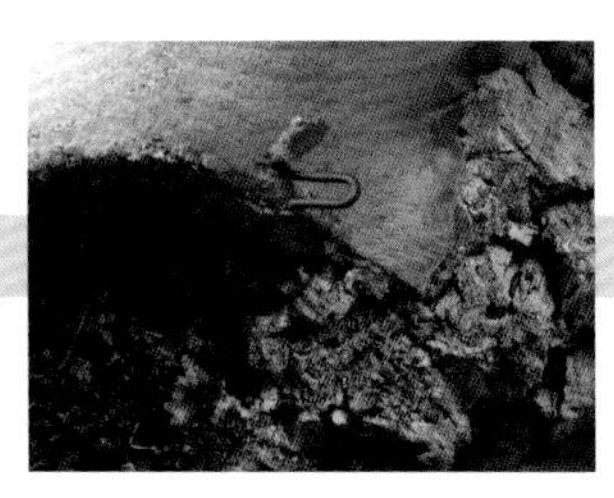

這個園藝鐵絲的突起部分有助於固定新的水苔。

在根的部分撒上少量的有機肥料。

放置已經充分泡濕的新水苔。一邊用手按壓一邊盡量恢復成原來的形狀。

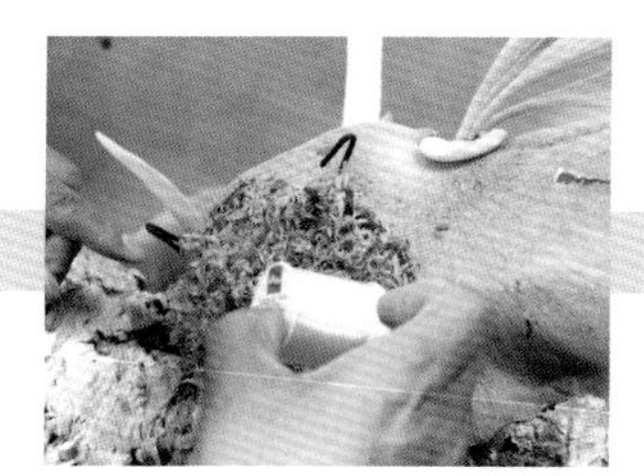

將水苔配置完成之後，用透明車線纏住。一邊將線繞在鐵絲的突起處一邊纏住水苔。

纏完線之後，將鐵絲壓進裡面，鐵絲就變得幾乎看不見了。

母株在切下子株、經過保養之後的狀態。

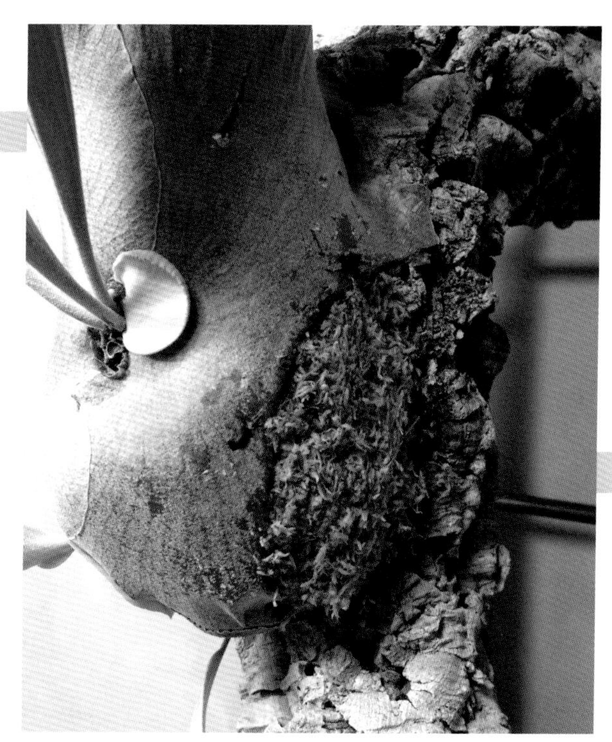

由芽點開始長出小小的貯水葉。這片貯水葉長大之後，應該就會蓋住先前切開的傷口。須事先考量到這個部分，之後才進行拆側芽的作業。

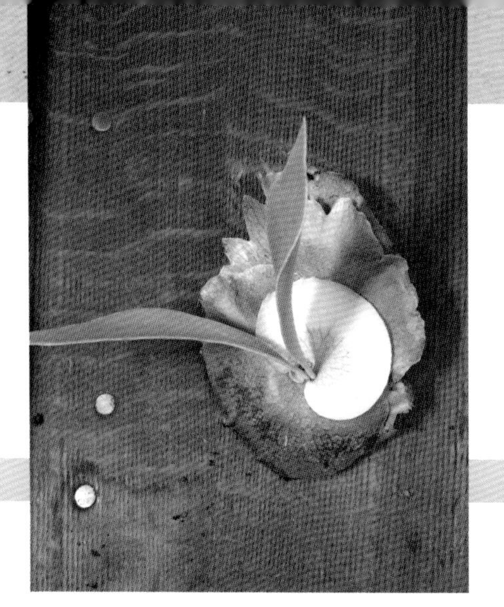

分切下來的阿奇鹿角蕨子株。如果芽點很新鮮，孢子葉充分展開的話，後續的管理也較容易。

試著將子株放在專用的板材上面。尺寸剛好。以芽點朝上的方式配置。

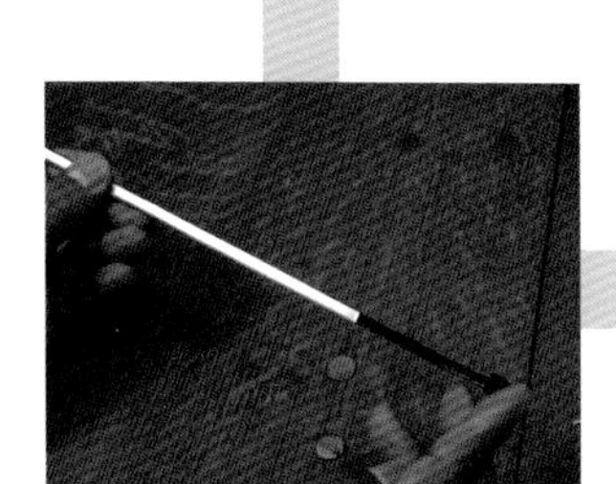

這是用來插入束線帶的創意商品。將柔軟的束線帶放入不鏽鋼導管中。

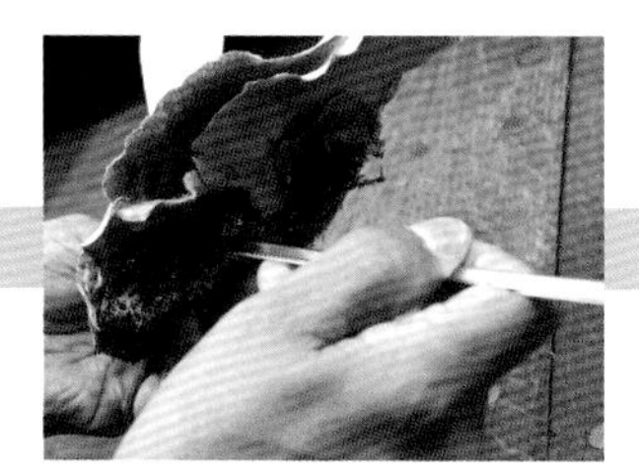

將裝有束線帶的不鏽鋼導管插入子株的根部。

只將導管拆下來，形成束線帶插入株底左右的狀態。

再次將子株放在板材上，並且確認配置的高度。因為貯水葉會向上生長，所以最好預先空出上方的空間。

在要安裝子株的地方，將充分泡濕的水苔配置成圓形。

在水苔的上面撒上適量的有機肥料。

為了避免肥料直接接觸根部，肥料上方也要放置水苔。

將子株配置在渾圓隆起的水苔的中央部分。

從板材的背面插入束線帶，將2條束線帶綁緊，固定住子株。

接著將水苔填入株底的周圍，然後調整形狀。

為了避免水苔脫落，要用透明車線固定住。請注意不要弄傷貯水葉。

子株上板完成。注意不要讓子株缺水，同時將它放置在日照充足的地方管理。

CULTIVATION & ARRANGEMENT

03

上軟木樹皮

如果想要欣賞更貼近大自然的鹿角蕨，建議大家將它安裝在軟木樹皮上。一邊想像鹿角蕨在原生地附生在樹木上的姿態，一邊安裝在軟木樹皮上，如果配置得很平衡，應該能成為可以欣賞好幾年的珍貴室內觀葉植物。

軟木樹皮有的呈板狀，有的呈樹枝狀，如果使用中央部分變成空心的樹枝狀軟木樹皮，可以更加提升自然的感覺，軟木樹皮的形狀令人感受到樹木的生命力，營造出原生地的氛圍。與其他的材料相較之下，軟木樹皮還具有不易發霉、不易劣化的優點，重量輕而且容易加工，使用上輕鬆愉快。

將鹿角蕨放置上軟木樹皮時，整體的平衡感很重要，最好一邊想像植株是如何生長，一邊配置在軟木樹皮上。

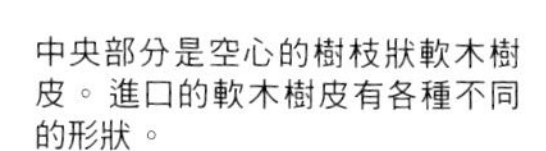

中央部分是空心的樹枝狀軟木樹皮。進口的軟木樹皮有各種不同的形狀。

為了將軟木樹皮掛在牆壁上，要用鋸子將與牆壁的接觸面鋸平。

製造與牆壁的接觸面，就能掛得更加穩固。

用電鑽在軟木樹皮的頂部鑽洞。

將粗的園藝鐵絲折彎成兩條，穿過鑽好的洞。

製作掛鉤以便掛在牆上或圍欄上。

剪斷固定在板材上的束線帶。

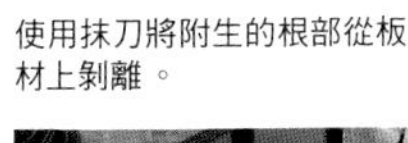

使用抹刀將附生的根部從板材上剝離。

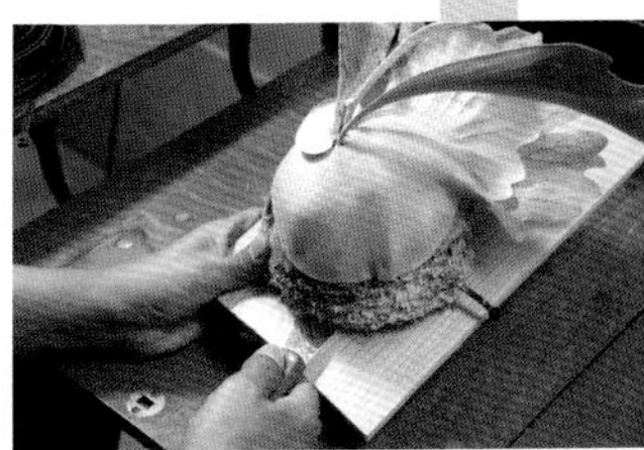

要安裝於軟木樹皮的是已上板的園藝種「熔岩」（*Platycerium willinckii* 'Lava'）。移植時期是在貯水葉漸漸覆蓋住板材的時候。

注意方向和角度，將取下來的植株配置在軟木樹皮上。

以束線帶固定植株。

在植株背面的根部加入少量的有機肥料。

在根部的周圍添加充分泡濕的新水苔。

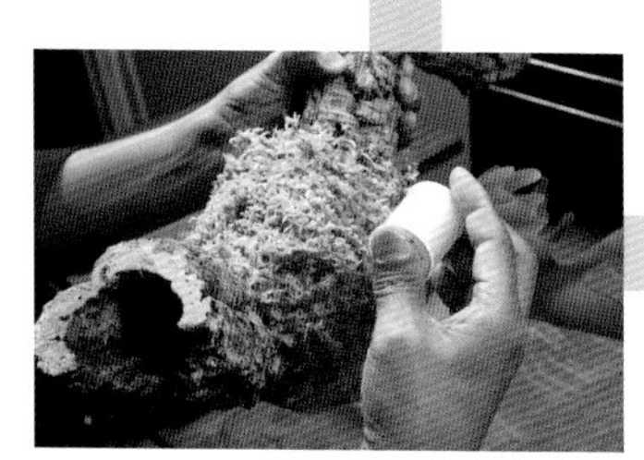

將水苔配置到軟木樹皮的背面為止，然後用透明車線等固定住。重要的是，為了避免弄傷貯水葉，只纏住植株的根部和水苔的部分。

完成上軟木樹皮。植株成長之後，在植株的背面也會長出子株。

軟木樹皮風格的鹿角蕨。作為漂亮的室內觀葉植物，可以提升觀賞價值。
❶*P.willinckii* 'Dwarf Tatsuta'、❷*P.*'Nagesai'、❸*P.hillii* 'DragonClaw'、❹*P.willinckii*'Milinta'。

CULTIVATION & ARRANGEMENT

設置場所

不會淋雨、日照充足、通風良好的地方是理想的場所。

鹿角蕨通常都是以掛在圍欄和格柵等處來設置，作為設置的場所，日照和通風十分重要。

首先，作為設置的場所，日照充足的朝南位置是最佳場所。然而，夏季直射的陽光很危險，所以必須用寒冷紗等遮擋50%左右的陽光，即使在冬季也最好遮擋20%左右直射的陽光。不過，朝南的空間全年都能擁有明亮的環境，所以可以說是最適合種植的場所。此外，朝東的空間的陽光也很適合鹿角蕨，從早上到中午的陽光不會太強，剛好適合鹿角蕨的培育。西曬的陽光太強，所以如果不遮光的話，容易造成葉片灼傷。雖然朝北的空間不太適合培育鹿角蕨，但是比起放在室內陰暗的場所培育，朝北且有戶外陽光照射的場所還是比較好。

通風也很重要，尤其是在梅雨期和夏季的高溫期，因為植株容易悶熱，所以要特別留意，如果將多株鹿角蕨集中放置在通風不良的場所，會引起根部腐爛或生病，或是容易發生蟲害，通風良好的話也可以防止一定程度的葉子灼傷。

除此之外，還需要注意戶外的氣溫，當最低氣溫降至15°C以下時，最好將鹿角蕨移入室內，放置在明亮的窗邊培育。

CULTIVATION & ARRANGEMENT

如何給水

使用噴水槍為許多植株澆水（左）。浸泡在水桶中，就會充分吸收水分（右）。

日常的管理中最需頻繁執行的作業就是給水，對於鹿角蕨來說，明確掌握給水量的多寡很重要。基本上，當栽培介質水苔的表面乾燥時，就要給予大量的水分，直到水分充分滲透到裡面為止。此外，可以嘗試用手拿著植株，如果比平時來得輕，就表示根部處於乾燥的狀態，可說是需要水分的徵兆。

如果給水的次數太多，根部總是處於過度濕潤的狀態，很容易發生根部腐爛的情形，有時貯水葉也會腐爛，相反的，如果太過乾燥的話，會造成生長不良或是枯萎。

雖然鹿角蕨的根隱藏在貯水葉的後面，從外表看不見，但是也要記得對根的部分澆水。將水裝入水桶等容器中，然後將整棵植株浸泡在水桶中，水分比較容易充分滲透到裡面，不過，如果同時對許多植株這麼做，有時會有感染害蟲或疾病的風險。

如果使用噴水槍或澆水壺，請從植株的上方為整體澆水。不過，如果想保持立葉鹿角蕨和安地斯鹿角蕨等的白葉，最好不要在葉子上澆水，注意避免星狀毛脫落。

除此之外，在幾乎停止生長的冬季時期要減少給水，最好等到栽培介質完全乾燥之後再給水。

CULTIVATION & ARRANGEMENT

如何施肥

種植時作為基肥使用的有機肥料。
效果會緩慢地持續很長一段時間。

養分均衡調配的固體化學肥料，
主要作為置肥使用。

鹿角蕨本來就不是需要大量肥料的植物，然而，藉由適度地施肥，它在生長期會迅速長出色澤漂亮的葉子，重點在於要控制用量，在生長期適量地施肥。

施肥的方法有兩種，分別是在種植的時候施用在根部的「基肥」，以及在培育的過程中盡可能追加的「追肥」。作為基肥，建議大家使用效果緩慢而持久的緩效性有機肥料，雖然與化學肥料相較之下，它帶有臭味，也比較容易生蟲，但是效力溫和，不太需要擔心會傷害植株，將顆粒狀的肥料混入水苔當中，然後種入植株。另一方面，追肥的話，經常會使用具有速效性的液體肥料，使用觀葉植物專用的液體肥料，在春季到夏季的生長期，以每個月1次的頻率施肥，將比規定用量稍微少一點的原液加入自來水中混合均勻，依照給水的要領在根部施肥。此外，對於幾乎不會移植的大型植株，也可以將固體的化學肥料當做置肥，施用在重疊的老貯水葉後方。

CULTIVATION & ARRANGEMENT

07

病蟲害對策

一旦大量發生就很難徹底驅除的介殼蟲。

出現害蟲時，要巧妙地利用藥劑盡快處理。

常見的病蟲害有介殼蟲和二斑葉蟎，如果植株長時間放置在通風不良的場所，就很容易發生病蟲害。

介殼蟲剛開始出現時，只用手清除也很有效，但是數量增加太多時，最好使用藥劑驅除，不過，即使驅除了成蟲，通常還是會有蟲卵殘留，此外，如果有大量的介殼蟲附著在鹿角蕨的芽點上面，因為藥劑不易接觸到，所以很難完全驅除乾淨。如果二斑葉蟎是附著在葉子上面，基本上也是使用藥劑來驅除，在葉子上面噴灑大量的水將二斑葉蟎沖走也很有效。二斑葉蟎多半寄生在葉子的背面，所以平時多加觀察，並且勤於在葉子上噴水就可以預防二斑葉蟎滋生。

鹿角蕨的常見病害，是春季到秋季期間發生的炭疽病，這是由真菌引起的植物病害，會造成葉子上出現灰白色或發黑的圓形斑點，如果發現葉子出現病變，要立刻切除，並且丟棄。因為在高溫多濕的環境中很容易發生炭疽病，所以很重要的是，需避免將鹿角蕨配置得很密集，而且要修剪太過茂盛的葉子，創造通風和日照良好的環境。

CULTIVATION & ARRANGEMENT

四季的管理方法

春

3～5月

氣溫開始緩緩上升的春季，也是鹿角蕨轉換至生長期，開始一點一點冒出芽的季節。

不過，有時候夜晚驟然降溫，有可能會對植株造成傷害，所以必須注意氣溫的變動，在可以確保即使夜晚的氣溫也在15℃以上之前，最好在白天將鹿角蕨設置在戶外通風良好的地方，夜晚移入室內。

把鹿角蕨從室內拿到戶外時，如果突然照到直射的陽光，會造成葉子灼傷，所以最好先從陰涼處到半日照處，然後再到向陽處，讓鹿角蕨慢慢地習慣比較好。給水方面，等水苔的表面乾燥之後才給予大量的水分，請以每個月1次的頻率施用液體肥料。

5月中旬過後，天氣變得十分暖和，是最適合分株和移植的時期。

夏

6～8月

夏季基本上是放在通風良好的戶外栽培，不過，梅雨季節就要改放在屋簷下等處管理以免淋到雨。即使是在戶外，如果植株設置得太密集，也很容易悶熱，造成爛根或病蟲害，所以請注意通風是否良好。

氣溫一旦上升，生長速度也會提高，給水的頻率也要增加。然而，在盛夏持續酷熱期間，反而有許多品種會減緩生長。夏季的陽光要進行50%左右的遮光，最好一邊觀察植株的狀態，一邊稍微調整給水的間隔。

此外，關於夏季的給水，建議大家在傍晚到夜間進行，因為如果在早上或白天進行，強烈的陽光會使多餘的水分變成高溫，很容易發生悶熱的現象。

9～11月

一旦從酷熱漸漸降溫，有許多品種就會恢復生長，因為會像初夏時期一樣提高生長速度，所以最好一邊注意避免缺水，一邊在適度的陽光下培育，基本上與春季的管理方式相同。

颱風到來時，強風會使葉子折斷或掉落，所以要事先將鹿角蕨移入室內。肥料方面，基本上在氣溫下降之前就要停止施肥，但是有些品種會在秋季蓬勃生長，所以最好一邊觀察狀態一邊施用肥料。

氣溫慢慢下降之後，要做好過冬的準備，等到最低溫度變成15°C左右時，就要移入室內或溫室中，必須特別注意耐寒性弱的品種（馬來鹿角蕨、長葉鹿角蕨等），請盡可能以避免暴露在寒冷中的方式來培育。

12～2月

冬季時，除了二歧鹿角蕨等耐寒性高的品種之外，其他品種都要在室內栽培。在室內管理時，盡可能避免溫度低於10°C，最佳設置場所是窗邊日照良好的場所，但是如果無法確保日照充足，最好引進波長範圍廣泛的專業LED植物栽培燈，且不要直接從正面照射鹿角蕨，而是盡量以從上方照射的角度設置。

即使將鹿角蕨放置在室內，一旦通風不良，植株也很容易腐爛，所以要使用循環扇來製造風，不過，最好避開暖氣設備的暖風會直接吹拂的場所。此外，還要注意房間內的溫差，如果白天氣溫25°C，晚上氣溫降到10°C，對鹿角蕨會造成壓力，所以要注意避免製造變化劇烈的溫差。

CULTIVATION & ARRANGEMENT

09

有助於栽培的Q&A

Q 上板和盆植，哪種方式比較容易培育？

A 雖然盆植和上板兩者都可以培育鹿角蕨，但是泰國進口的植株大多數都是使用孢子繁殖的盆栽。盆植的鹿角蕨，因為根部不易乾燥，所以具有容易管理的優點，而且可以在較小的空間栽培，然而，也有許多盆植的鹿角蕨不能順利長出貯水葉，如果想要欣賞鹿角蕨原本的姿態，還是要以上板的方式栽培，雖然根部容易乾燥，而且設置的場所也要很講究，但是希望能配合原生地的風格，栽培出姿態均衡優美的鹿角蕨。

Q 上板、上軟木樹皮或上漂流木有什麼優點？

A 這是可以欣賞到鹿角蕨原本造型的方式。盆植的方式即使可以節省空間，栽培出緊密的植株，也無法培育得很漂亮。特別是如果使用樹枝狀的軟木樹皮作為附生材料，就會更加接近鹿角蕨在大自然中的形象，軟木的重量輕、易於加工、不易劣化，所以推薦大家使用。漂流木的話，缺點在於稍微重了一點。在海岸或河灘上撿到的漂流木，務必要煮沸消毒，待乾燥之後才使用。

Q 曝曬在直射的陽光下也沒關係嗎？

A 鹿角蕨雖然是蕨類植物，卻喜愛明亮的環境。但是它不喜歡強烈的陽光直射，因為那會造成葉子灼傷。有些品種，如馬來鹿角蕨和立葉鹿角蕨等，比較耐得住陽光，但是要避開夏季直射的陽光，施行50%的遮光，即使在冬季，栽培時也要施行20～30%的遮光才安心。此外，夏季要注意反射熱，如果是混凝土或瀝青鋪設的地面，反射的熱氣有時會造成葉子灼傷，保持良好的通風可以預防葉子灼傷。

Q 朝北的陽台也可以培育鹿角蕨嗎？

A 如果是在光照不足的室內培育鹿角蕨，在生長期最好移出到戶外培育，即使是朝北的陽台也無妨，相較於在昏暗的室內，有光照更容易長成健壯的植株。如果有適當的光照，葉子的顏色較深，外形生長得較結實，但是如果光照不足，葉子的顏色較淺，而且容易虛弱地徒長出細長的葉子。

Q 在室內也可以栽培鹿角蕨嗎？

A 在室內也有足夠的條件栽培鹿角蕨。最好是將鹿角蕨設置在日照充足的窗邊，如果做不到的話就要使用照明燈具，色溫高又具有紫外線，也最接近太陽光的就是金屬鹵化物燈，但是問題出在耗電量高，所以已經不太常用了。如果想要節省能源，還是建議使用LED燈，也有可以重現紅光和藍光波長的專業LED植物栽培燈，照射時間是固定照射10小時左右。此外，室內栽培的話，通風也很重要，要使用循環扇等製造風，但不是直接對著鹿角蕨吹送強風，最好以帶動整個房間空氣的方式調整。如果有適度的通風，就可以長成健壯的植株，也不易有害蟲附著，不過，因為植株會變得太過乾燥，所以要注意缺水的問題。

Q 對於新手會推薦什麼品種呢？

A 姑且不論栽培的難易度，首先請選擇自己喜歡的品種。如果硬要說的話，因為耐寒性高，我推薦原產於澳洲的二歧鹿角蕨和立葉鹿角蕨作為入門品種，如果是在日本關東地區以西的溫暖地區，有時冬季也可以在戶外栽培，但是如果要把鹿角蕨培育得更漂亮，就需要一定程度以上的溫度和濕度。

Q 栽培難度特別高的品種是什麼？

A 最受歡迎的馬來鹿角蕨可以說是栽培難度很高的品種。首先，它的貯水葉不是呈冠狀，所以不易推斷根部的水分量，其次，它在原生地是附生在日照充足的高樹上，所以需要較強的光照，耐寒性也非常弱。如果要培育鹿角蕨，這是總有一天會想嘗試挑戰的品種。

Q 購買沒有長出貯水葉的植株也沒問題嗎？

A 通常鹿角蕨的幼苗是在長出貯水葉之後才展開孢子葉，所以基本上應該不會出現沒有貯水葉的植株。最好特別觀察長出葉子的芽點，選擇新芽鮮嫩、生氣盎然的植株。

Q 購買植株時需要檢查哪些要點？

A 首先，盡量選擇葉子數量較多的植株。檢查葉子的顏色是否漂亮，葉子是否有彈性，是否沒有黑色的斑點等，且會想選擇比拳頭大的尺寸。雖然最近從海外進口的植株也變得比較結實了，但是還是向經銷的專賣店購買已經在國內栽培了一段時間的植株比較令人安心。

Q 附著在葉子上的粉，擦掉也沒關係嗎？

A 附著在葉子表面的粉狀物稱為星狀毛。如果是葉子上覆蓋著無數星放射狀生長的細毛，星狀毛的密度很高的品種，就會呈現出泛白的葉子，星狀毛的作用在於緩和強烈的陽光，或是防止水分蒸散等。幼小的葉子上會附著很多星狀毛，但是受到給水等因素的影響，葉子長得越大，星狀毛就變得越少，在大自然中也可以看到同樣的傾向。對於立葉鹿角蕨等以白葉為特徵的品種，最好在進行給水時盡量避免將水澆淋在葉子上面。

Q 為了讓孢子葉往上立起來，該怎麼做才好呢？

A 在原生種的鹿角蕨中，如馬來鹿角蕨、立葉鹿角蕨和愛麗絲鹿角蕨等，有好幾種孢子葉會朝上直立的品種。為了讓葉子漂亮地向上立起來，光線的方向很重要，最好將鹿角蕨設置在朝南或朝東的場所，盡可能讓陽光從較高的位置照射下來，且培育時盡可能不要更動設置的場所，孢子葉就會以好看的形狀向上生長。

Q 冬季時如何處理已經枯萎的葉子呢？

A 孢子葉的壽命通常是1～3年左右，一旦接近更新的時期，就會迅速變成黃色，不久便從葉子的根部脫落下來，所以不需要硬是把它剪掉，看起來好像枯萎的葉子，大部分都還活著，如果強行剪掉葉子的話會弄傷芽點，阻礙下一片葉子的生長，所以要特別注意。

Q 夏季時長出許多孢子葉，是否要疏葉比較好？

A 幾乎沒有發生過因為葉子長得過多，造成日照不足或是通風不良的情形，所以不太需要進行疏葉的作業。為了調整植株的整體平衡，有時會剪掉1～2根孢子葉，但是因為實際在生長中的葉子，基本上全部都是必要的葉子，所以最好不要去除，也擔心植株會因為修剪而變得虛弱。

Q 需要施肥嗎？

A 鹿角蕨不是用來欣賞大型花朵的植物，所以不需要施用大量肥料。然而，將氮、磷和鉀等營養素適當且適量地施用在植株上，鹿角蕨就會生長得更好，展開充滿活力的葉子。將鹿角蕨上板或移植的時候，在水苔上面施用有機肥料作為基肥，在春季到夏季的生長期，最好每個月施用1～2次的液體肥料作為追肥。施肥過量會傷害到植株，所以後續減少肥料用量特別重要。

Q 給水的時間點是什麼時候？

A 給水是看似簡單，實則異常困難的作業。能否確認每株植物需要水分的狀況，終究大部分得仰賴經驗，如果水澆得少，就會因為乾燥而枯萎；如果水澆得太多，就會造成根部腐爛。如果貯水葉的芽點周圍開始變黑，就是根部腐爛的危險信號，此時要立刻停止給水，讓根部乾燥。此外，盛夏給水時必須小心，如果在早上或白天給水，多餘水分的溫度會升高，整個植株會變得悶熱，因此，要在傍晚到晚上這段時間進行給水。我們必須具備一邊觀察植株的狀況一邊給予適量水分的技術。

Q 子株要長到多大的尺寸才可以分切下來呢？

A 鹿角蕨有許多品種可以藉由根尖長出的不定芽，簡單地將子株分切下來繁殖，不定芽首先長出貯水葉，隨後再伸展出孢子葉。子株會暫時從母株身上吸收養分，所以如果在子株還小的時候就分切下來，隨後的生長有時會無法順利進行，想要分切的話，最好是在孢子葉充分展開之後再進行。

Q 分株的最佳時期是什麼時候？

A 如果是可以升溫的溫室栽培，隨時都可以進行分株之類的繁殖作業，但是如果是一般的戶外栽培，我會盡量在氣溫達到15～20℃以上，變得十分溫暖的時候進行作業。因為子株對於溫度比較敏感，所以培育時要避開陽光直射，注意不要缺水。

Q 不會長出子株的品種有哪些？

A 鹿角蕨也有不會長出子株的品種。除了馬來鹿角蕨，還有巨大鹿角蕨、女王鹿角蕨和巨獸鹿角蕨等，都屬於不會製造出子株的類群。最近，有越來越多的人挑戰孢子培養，藉此繁殖植株。

Q 移植的時間點是什麼時候？

A 必須移植的時間點請選在植株變大之後，生長速度減緩之前進行。要將已經上板的鹿角蕨移植的時間點，最好是在貯水葉已經覆蓋住整個板材的時候，差不多就該準備移植了，可以的話，盡量移植到大上一圈的板材或軟木樹皮上，最適合移植的時期在春季到初夏，氣溫開始變暖的這段期間進行會比較好。

Q 有什麼方法能讓植株長得緊密呢？

A 與鹿角蕨原生地的熱帶地區的氣候不同，日本有四季之分，單憑這點就完全具備了使鹿角蕨長得緊密的條件。此外，藉由控制光照和水分，也可以培育出全體都很緊實的植株，舉例來說，如同在日本的盆栽上所見到的，培育的時候稍微嚴苛一點，就會長成緊密集中的形態，例如，藉由使用輔助燈光延長照射的時間，而且減少給水量，就可以培育出緊密生長的植株。

Q 有什麼方法能培育出大型的植株呢？

A 如果想讓鹿角蕨長得又快又大，最好提高溫度和濕度，以便接近熱帶地區的氣候條件，這時候，如果擁有可以升溫和加濕的溫室就非常有利。即使是在塑膠布溫室中的栽培，地面是混凝土還是泥土，都會使培育狀態產生差異，泥土地面比較容易保持濕度，所以也容易維持適合栽培的環境。此外，不要製造休眠期，並且均衡地施用有機肥料和化學肥料，藉此就可以使植株長得更大。

Q 如果有害蟲附著在植株上，該怎麼辦呢？

A 鹿角蕨上面可能會有介殼蟲、二斑葉蟎和卷葉綿蚜等害蟲附著，害蟲大部分很容易發生在空氣不流通的場所，如果可以在日照適宜、通風良好的場所栽培，應該幾乎不會有害蟲出現。發現害蟲時，請用手或棉花棒等清除看得見的害蟲，隨後撒上藥劑。不過，介殼蟲等害蟲即使驅除了成蟲，經常還會有蟲卵殘留，很難完全驅除。請時常留意要在不悶熱的環境中培育鹿角蕨。

Q 枯萎的現象通常是什麼原因造成的？

A 給水過量通常會造成「根部腐爛」，曝曬在直射的陽光下則是會造成「葉子灼傷」，這兩個狀況是造成枯萎的主要原因。一邊觀察鹿角蕨的狀況，一邊帶著溝通的意圖與它交流，就會逐漸了解給水的訣竅。夏季時設置在陽台上的鹿角蕨沐浴在強烈的陽光下，或是設置在室內的鹿角蕨距離照明器具太近，燈光照射過度時，很容易造成葉子灼傷。此外，在季節交替之際，一天的氣溫有大幅度變動的時候，似乎也經常會有枯萎的現象。

Q 可以用孢子來繁殖嗎？

A 除了分株或拆側芽之外，還可以使用孢子來繁殖。雖然孢子繁殖需要時間和許多工夫，但是若想一次就製造出許多子株的話，這是有效的方法。首先，將從孢子囊中回收的孢子撒播在濕潤的苗床上，使用捷菲育苗塊（Jiffy）等播種專用盆會比較方便。在那之後，管理時不要停止澆水，2～3個月後被稱為原葉體的配子體就會出現，這個原葉體生長時，從單一片葉子產生卵子和精子，透過被水弄濕而受精之後，誕生了鹿角蕨的幼體，在這段期間，為了防止乾燥和雜菌等，請保存在密封的透明瓶中管理。鹿角蕨形成幼體之後，需要1年左右才能確認小小的孢子葉，即使過了2年以上，葉子還是只有2公分左右的大小，在這段期間，必須將孢子葉移植到以水苔為基底的苗床中，保持溫度和濕度讓它生長，這是相當需要耐心的作業，但是一旦成功，就會開始想要繁殖各式各樣的品種。

Q 能夠自己創造出新的品種嗎？

A 如果利用不同品種的孢子進行培養，有可能產生前所未見的鹿角蕨，例如，將至今從未交配過的A和B兩個不同品種的孢子，混合之後撒播，各自的原葉體所產生的卵子和精子，與另一個品種的卵子和精子受精，產生新的雜交種。不過，要到2～3年後才會出現結果，是否會出現擁有A和B雙方特徵的植株，機率是同時培育100株不確定是否會出現1株，而且，還必須讓這個雜交種累代繁殖。在新品種創造出來之前，絕對會經歷一段相當漫長的路程。

Improved variety selection

CHAPTER

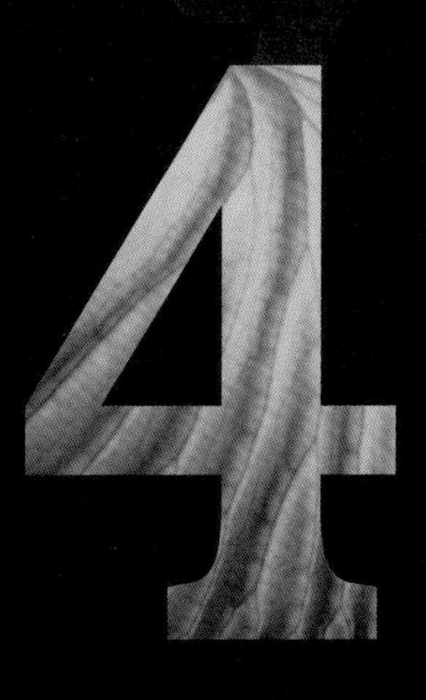

園藝種精選

以18個原生種爲親本，藉由各種雜交所產生的園藝種鹿角蕨也很普及。目前已經培育出比原生種的特徵更強、兼具多種特徵，或是更容易栽培等衆多不同的品種。在這個章節裡，將爲大家介紹目前備受矚目的園藝種鹿角蕨。

GODZILLA

哥吉拉鹿角蕨

Platycerium 'Godzilla'

以二歧鹿角蕨為親本雜交出來的園藝種，品種名稱源自於貯水葉的葉冠酷似哥吉拉的背鰭，孢子葉向左右大幅伸展的姿態帶來視覺震撼，廣受喜愛。

HOMURA
火焰鹿角蕨

Platycerium bifurcatum 'Homura'

二歧鹿角蕨的園藝種，相較之下，立起的孢子葉比「梅拉梅拉鹿角蕨」的更長，品種名稱源自於酷似火焰的形狀。

MERAMERA
梅拉梅拉鹿角蕨

Platycerium bifurcatum 'Meramera'

二歧鹿角蕨的園藝種，孢子葉向上立起，有孢子附著時會出現波狀起伏。因為會令人聯想到火焰燃燒的樣子，所以被稱為「meramera」（日文熊熊燃燒之意），如果栽培環境不夠完備，這個特徵就不會出現。

LEMOINEI

檸檬鹿角蕨

Platycerium 'Lemoinei'

以法國育種家V. Lemoine命名的鹿角蕨，雖然形似立葉鹿角蕨，但以葉子生長得更細長而為人所知，是個非常健壯而且受歡迎的品種。

AKKI

阿奇鹿角蕨

Platycerium 'Akki'

立葉鹿角蕨的雜交種，具有深裂的貯水葉和分歧很多的孢子葉互相取得平衡，令人視覺受到震撼的園藝種。

SWORD

劍鹿角蕨

Platycerium 'Sword'

由野生立葉鹿角蕨和長葉鹿角蕨交配所誕生出來的園藝種，喜愛強光，因為孢子葉令人聯想到向天高舉的劍，所以被稱為劍鹿角蕨。

DRAGON CLAW

龍爪鹿角蕨

Platycerium 'DragonClaw'

深綠鹿角蕨的園藝種，因葉尖的形狀如龍爪一般尖細彎曲而得名。

MONKEY NORTH

北猴鹿角蕨

Platycerium 'MonkeyNorth'

以長葉鹿角蕨和立葉鹿角蕨為親本培育出來的品種，纖細的貯水葉向上展開，形狀優美的孢子葉往下垂，因為表現出原生種雙方的特徵，所以很受歡迎。

FUJIN & RAIJIN

風神鹿角蕨、雷神鹿角蕨

Platycerium 'Fujin'　*Platycerium* 'Raijin'

以深綠鹿角蕨的園藝種而聞名的鹿角蕨。特徵是葉子比原生種來得短，而且呈波狀彎曲，以日本神明的名字命名，但是命名由來並無確切說法。

KYLIN

麒麟鹿角蕨

Platycerium 'Kylin'

深綠鹿角蕨的園藝種，大型的孢子葉令人印象深刻，在泰國似乎稱之為「kyliin」，是以出現在中國神話裡傳說中的動物「麒麟」命名的。

SATTAHIP

梭桃邑鹿角蕨

Platycerium 'Sattahip'

深綠鹿角蕨的園藝種，以位於曼谷灣東部最南端的地名梭桃邑命名，這是泰國的鹿角蕨愛好者YOT的代表作。

BIG FORM

大形鹿角蕨

Platycerium 'BigForm'

長葉鹿角蕨和二歧鹿角蕨的雜交種，特徵是像翅膀一樣展開的孢子葉，因為葉子具有厚度，所以不會垂下來，而是向前展開。

PEDRO

佩德羅鹿角蕨

Platycerium willinckii 'Pedro'

長葉鹿角蕨的園藝種，是由美國的鹿角蕨愛好者Carlos Tatsuta培育出來的一種長葉鹿角蕨，葉尖細長且有分歧，使觀賞者為之著迷。

CELSO

賽爾索鹿角蕨

Platycerium willinckii 'celso'

長葉鹿角蕨的園藝種，也是由美國的鹿角蕨愛好者Carlos Tatsuta培育出來的品種，有很多星狀毛，也以白葉的鹿角蕨而聞名。

CALM

平靜鹿角蕨

Platycerium willinckii 'calm'

由長葉鹿角蕨的播孢中選育而成的漂亮小型種。
當孢子附著時，非常細小又纖細的葉尖會向外捲曲。

RAKE

耙子鹿角蕨

Platycerium willinckii 'rake'

長葉鹿角蕨的播孢選育種，細細分岔的葉尖令人聯想到耙子，因而以此命名。

FOONGSIQI

捲捲鹿鹿角蕨

Platycerium 'Foongsiqi'

據說是以長葉鹿角蕨和立葉鹿角蕨為親本培育出來的品種，但是無法證實。以孢子葉的葉尖非常捲曲為特徵。它是喜愛強光的類型，培育得很均衡的姿態非常值得一看。

SS.FOONG

椰子樹鹿角蕨

Platycerium 'SS.Foong'

由名叫Foong的園藝家培育出很受歡迎的品種。看起來有各種不同類型，孢子葉展開如扇形，而且有很多分岔的姿態令人著迷。

GHOST

幽靈鹿角蕨

Platycerium 'Ghost'

以捲捲鹿鹿角蕨和未發表的孢子交配而成的園藝種，因為星狀毛非常多，所以葉子呈青白色，葉尖下垂的姿態散發出虛幻恐怖的氣氛，因而被稱為「幽靈」。

SILVER WING

銀翼鹿角蕨

Platycerium 'SilverWing'

立葉鹿角蕨和女王鹿角蕨的雜交種，全世界只有幾株出現在市面上，是非常稀有的品種，具有女王鹿角蕨持有的葉冠，展開寬闊的孢子葉。

MASERATI

瑪莎拉蒂鹿角蕨

Platycerium 'Maserati'

深綠泡泡鹿角蕨（Pao Pao）和貓路易斯鹿角蕨的雜交種，孢子葉向天空立起，葉尖呈弧形往下垂，完整型態的姿態非常優雅，強健與柔和兼備。

MT.KITSHA KOOD

細葉侏儒亞皇鹿角蕨

Platycerium 'Mt.Kitshakood'

以馬來鹿角蕨和皇冠鹿角蕨為親本的園藝種，在日本從很久以前就是受歡迎的品種，被暱稱為「ridcoro」。照片中的細葉侏儒亞皇鹿角蕨，是強烈表現出馬來鹿角蕨特徵的個體。

PEWCHAN COMPACT

皮陳緊湊版鹿角蕨

Platycerium 'PewchanCompact'

銀鹿鹿角蕨（Silver Frond）和長葉鹿角蕨雜交而成的皮陳鹿角蕨（Pewchan）的播孢選育株，顧名思義，尺寸很小，但是生長的姿態氣勢強大。

CHARLES ALFORD

阿福鹿角蕨

Platycerium 'CharlesAlford'

由女王鹿角蕨和馬來鹿角蕨培育而成的品種，在日本是知名的園藝種，很受歡迎。

DURVAL NUNES

德瓦努涅斯鹿角蕨

Platycerium 'DurvalNunes'

馬達加斯加鹿角蕨和三角鹿角蕨的雜交種，市面上少見的夢幻品種，但是最近漸漸開始在市面上流通。

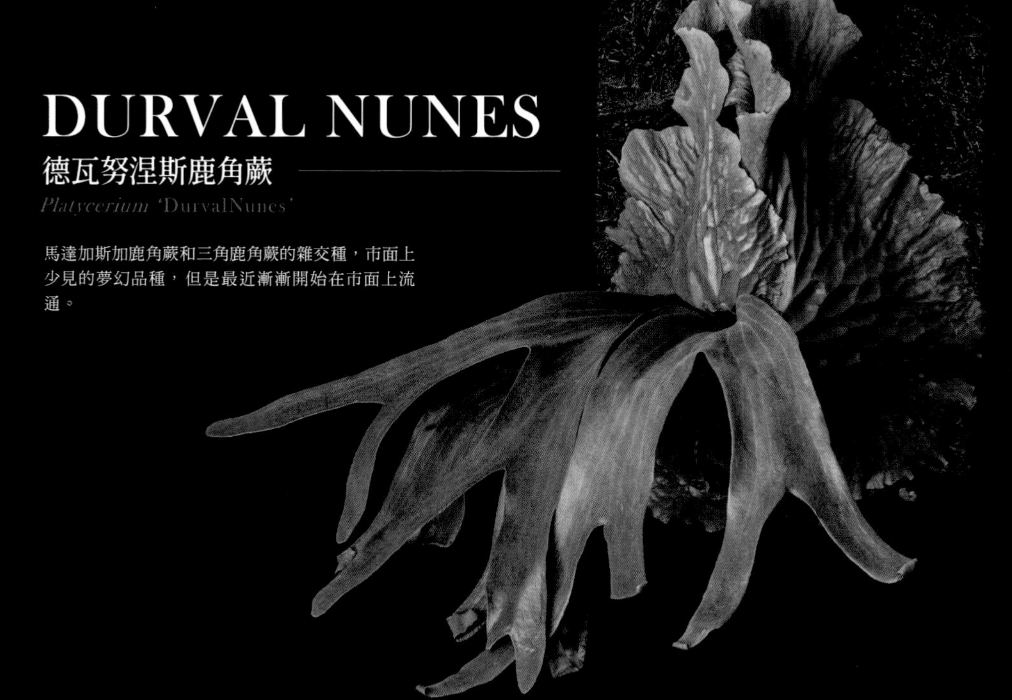

HORNE'S SURPRISE

非非鹿角蕨

Platycerium 'Horne'sSurprise'

以非洲的馬達加斯加鹿角蕨和非洲大陸產的圓盾鹿角蕨為親本培育而成的品種，在貯水葉的表面形成的六角形鑽石花紋很美麗。

PAKORN

帕康鹿角蕨

Platycerium 'Pakorn'

葉子顏色令人印象深刻的園藝種，葉尖呈扇形展開。因為葉子是深綠色的，所以如果管理時可以不讓星狀毛脫落，就可以觀賞到青白色的葉子。

MT.LEWIS

貓路易斯鹿角蕨

Platycerium sp. 'Mt.Lewis'

據說是在澳洲東北部的路易斯山自然生長的鹿角蕨，充滿神祕感，特徵是細細分岔、柔軟的孢子葉，是否為第19種原生種的議題引發爭論的品種。

園藝基本用語集

1-5劃

●一年生草本
在一年之內生長成母株，留下後代之後枯死的草本植物。

●分株
分割根株使之繁殖的方法之一。將從地面長出側芽的多年生草本植物等的植株，分割成多株，使之繁殖。

●化學肥料
化學合成的無機肥料。以氮、磷、鉀為主要成分。可分為迅速展現效果的速效性，以及效果緩慢且持久的緩效性。

●水苔
以生長在濕地中的苔蘚植物乾燥而成。富含保水性，可用於防止乾燥等。

●半日照
每天日照時間只有3～4小時左右的場所，或是陽光透過樹葉間隙照射下來的場所。

●主根
粗大的根有筆直生長的特性。

6-10劃

●多年生草本植物
同一植株可以持續生長好幾年而不會枯死的植物。

●成活
移植後的幼苗和插枝等的植物，生根之後長出新芽，穩固地扎根生長。

●交配
生物個體之間的授粉或受精，為了品種改良或育種等而以人工進行。

●休眠
植物在寒冷或炎熱時暫時停止生長。休眠期間，要減少給水的頻率，或是根據品種停止給水。

●合植
在單一容器中種植多種植物。

●有機肥料
如油粕、魚肥等含有有機質的肥料。相對於此，將化學肥料稱為無機肥料。

●附生
植物固定在樹木和岩石等的表面上生長。

●育苗
播下種子或孢子之後的一段時間，調整環境培育幼苗，直到幼苗生長為止。

●育苗場
進行育苗的場所、業者。

●走莖
在由母株延伸出來的細莖上，以固定的間隔長出子株。

●孢子
蕨類植物、苔蘚植物、藻類和蕈類等的繁殖細胞。可以獨自成為一個新個體。有的是有性生殖產生的結果，有的是在無性器官內產生的，有的則是營養體的一部分分裂之後產生的。鹿角蕨可以藉由孢子培養的方式繁殖。

●孢子葉
長得像鹿角形狀的鹿角蕨葉子。多數的種類在孢子葉的尖端有孢子囊附著。

●花序
有多朵花排列在一起的花梗全體。

●肥料三要素
一般認為作物的生長需要16種成分，其中主要的3種成分是氮、磷、鉀，被稱為肥料三要素。

●花莖
為了開花而長出來的莖。

●長斑
出現在葉子、花瓣、莖部和樹幹上，與原本的顏色有異的顏色。植物出現斑點的狀態稱為「長斑」。

●芽插法
將剪下的芽插入苗床中，使之發出新根和新芽。

●亞種
植物的分類單位之一。雖然還不具備足以被視為獨立物種的特徵，但是以標準的系統看來，是具有不同特徵的種類。

●芽點
植物生長組織的部分。位於莖部尖端或植株基部等處，因品種而異。

●施肥
給予肥料。

●追肥
在植物的生長期間所施用的肥料。肥料的種類或用量、施肥的次數或時間，會因植物的種類和生長狀況等而有所不同，但是一般都是使用速效性肥料。

●星狀毛
生長在葉子或莖部的一種毛狀突起，從單一個地方呈放射狀長出星形的毛。具有保護葉片或莖部免於強烈的陽光照射、和留住水分等作用。

●盆栽
植物種植在花盆中的狀態。

●缺水
水分不足，或是無水的狀態。

●浮石
為了使排水順暢，放置在容器底部的素材。

●原生種
未經人工改良的野生植物。

●特有種
只在特定地區自然生長的物種。

●根系爆盆
植物的根系在盆器中長得太過茂密，對生長造成不好的影響。

●徒長
因日照或養分不足等因素，莖長得又細又長的狀態。

●速效性肥料
很快就見效的肥料。一次施用多量的話對植物有害，所以要一點一點分次施用。

●根插法
繁殖的方法之一，指的是切下已經長出的根部插入土壤中，使之發芽、發根的方法。

●根團
指的是植物的根和附著在根部的土壤在盆器中聚集成塊。

●珪酸鹽白土
在盆底沒有排水孔的盆器中培育植物時使用。因為以防止爛根為目的，所以又稱為爛根防止劑。

11-15劃

●基肥
種植植株時，事先施用在土壤中的肥料。

●液肥
將液態的肥料稱為液肥或液體肥料。屬於施用之後會立即展現效果的速效性類型，所以用於追肥。

●授粉
花粉沾附在雌蕊的柱頭上。

●宿根草
每年開花的草花或球根植物。是一種多年生草本植物，特徵是到了不適合生長的時期，會留存地下的根部，地上部分則枯死。

●混植
在花盆和花壇等處將好幾種植物混合種植。最好均衡地組合各種植物喜歡的環境、植株高度和葉子顏色。

●培養土
用於栽培植物，將赤玉土、腐葉土、肥料等混合而成的用土。

●氮
與鉀、磷同為肥料三要素之一。因為具有使葉子的顏色變深、促進生長的效果，所以又稱為葉肥。

●貯水葉
鹿角蕨的葉子種類。指的是從植株的基部生長出來，彷彿黏在附生的樹幹上的葉子，又稱為營養葉、外套葉、裸葉。

●結果
花朵受精之後產生種子。

●換盆
移植到增大一圈的盆器中。

●植株基部
植株接觸地面的部位。

●湯匙
馬來鹿角蕨和皇冠鹿角蕨長出的孢子囊專用葉子的通稱。

●鉀
與氮、磷同為肥料三要素之一。因為會促進根部發育，所以又稱為根肥。

●葉子灼傷
強烈的光線或缺水所造成的傷害，葉子會變成褐色。

●群生
指的是植株繁殖，大量聚集的狀態。根據種類的不同，也有單一植株就這樣長大的類型。

●矮性
以生長高度比一般低的狀態生長的特性。

●塊根
位於地下的根變粗之後所形成。

●塊莖
位於地下的莖變粗之後所形成。

●節間
葉子附生在莖上的部分稱為節，相鄰的節與

節之間稱為節間。主要是日照不足的話，節間會變長。

●葉插法

將剪下的葉子插入土壤中，使之生根的繁殖方法之一。

●園藝種

透過雜交、選育，人工栽培而成的植物，又稱為雜交種。

●實生

由種子發芽而長成的植物。

●遮光

遮擋或緩和太過強烈的直射陽光。使用遮光網、寒冷紗和蘆葦簾等。

●漂流木

用於配置等的木質天然素材。有各種不同的種類和形狀販售。

●腐葉土

堆積的落葉經過發酵分解所形成的土壤狀物質。富含保水性和通氣性，可與其他栽培用土混合之後使用。

●澆水

給予水分。有地面澆水、底面澆水、滴下澆水、頭上澆水等。

●緩效性肥料

慢慢見效的肥料。有油粕等。即使一次施用多量對植物也少有害處。

●蓮座狀葉叢

指葉子像花一樣從植株基部呈放射狀生長的植物姿態。

●蝙蝠蘭

鹿角蕨的別名。命名由來源自於葉子的形狀宛如蝙蝠的翅膀。

16-20劃

●學名

為植物和動物等所取的全世界通用的名稱。以拉丁文記載，由屬名和種小名所構成。

●鋸齒

葉子的邊緣呈鋸齒狀。

●蕨類植物

維管束植物中非種子植物的植物總稱。靠孢子繁殖。鹿角蕨被分類為蕨類植物門，真蕨綱，水龍骨目，水龍骨科，鹿角蕨屬。

●歸化植物

外來植物當中已經野生化的植物。

21-25劃

●爛根

根部腐爛。有給水過量等各種不同的主要原因。

●變種

植物的分類單位之一，以標準的系統看來是有差異的物種。並不具有像亞種那樣明顯的特徵。

INDEX

植物名索引

學名索引

BIKAKUSHIDA
DOKUSOUTEKINA SOUSHI GA MIRYOKU NO BIZARRE PLANTS

採訪攝影協力

ajianjijii（佐藤定雄）
chan（法花園・近藤隆彦）
kebint
鈴木やよい
佐崎慎一
野町誠

日文版 STAFF

內頁設計　橫田和巳（光雅）
照片攝影　平野　威
編輯、撰稿　平野　威（平野編集制作事務所）
企畫　鶴田賢二（クレインワイズ）

絕美鹿角蕨圖鑑
基礎知識×特色品種，打造專屬綠植風格

2024 年 10 月 1 日初版第一刷發行
2025 年 2 月 1 日初版第二刷發行

監　　修　野本榮一
攝影、編輯　平野威
譯　　者　安珀
編　　輯　黃筠婷
特約編輯　黃琮軒
美術設計　林泠、林佩儀
發 行 人　若森稔雄
發 行 所　台灣東販股份有限公司
<地址> 台北市南京東路 4 段 130 號 2F-1
<電話> (02)2577-8878
<傳真> (02)2577-8896
<網址> https://www.tohan.com.tw
郵撥帳號　1405049-4
法律顧問　蕭雄淋律師
總經銷　聯合發行股份有限公司
<電話> (02)2917-8022

國家圖書館出版品預行編目（CIP）資料

絕美鹿角蕨圖鑑：基礎知識 x 特色品種，打造專屬綠植風格 / 野本榮一監修；安珀譯．-- 初版．-- 臺北市：臺灣東販股份有限公司，2024.10
128 面；16.3×23 公分
ISBN 978-626-379-560-0(平裝)

1.CST: 蕨類植物 2.CST: 栽培

378.133　　113012570